Das bietet Ihnen die CD-ROM

 CHECKLISTEN

- Analyse der Marktsituation
- Produktpolitik
- Fertigungsplanung
- Investitionsziele
und viele mehr

 RECHNER/KALKULATION

- Liquiditätsplan
- Deckungsbeitragsrechnung
- Portfolio-Analyse
- Produktlebenszyklus
ermitteln und viele mehr

 LEXIKON DER BWL

Zum Nachschlagen:
Glossar der wichtigsten
Begriffe

 ARBEITSVERTRÄGE

Zum Bearbeiten:
Muster für befristete und
unbefristete Verträge

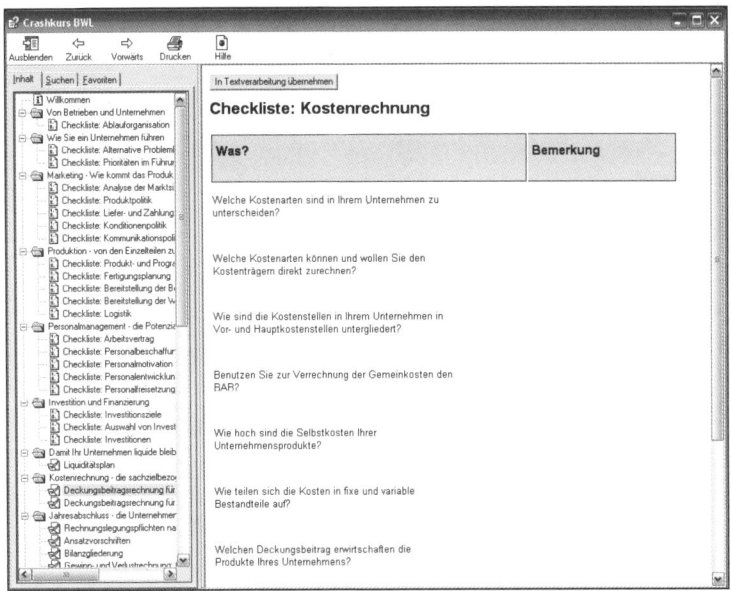

Screenshot der CD-ROM: Nutzen Sie unsere Checklisten, u. a. die zur Kostenrechnung, für Ihre tägliche Arbeit.

Bibliografische Information Der Deutschen Bibliothek

Die Deutsche Bibliothek verzeichnet diese Publikation in der Deutschen National-
bibliografie; detaillierte bibliografische Daten sind im Internet über
http://dnb.ddb.de abrufbar.

ISBN 978-3-448-08744-4   Bestell-Nr. 00798-0004

1. Auflage 2002 (ISBN 3-448-05205-1)
4., aktualisierte Auflage 2008

© 2008, Rudolf Haufe Verlag, Freiburg i. Br.
Redaktionsanschrift: Postfach 13 63, 82142 Planegg/München
Hausanschrift: Fraunhoferstraße 5, 82152 Planegg/München
Telefon (089) 8 95 17-0, Telefax (089) 8 95 17-2 50
Internet: http://haufe.de, E-Mail: erste-hilfe@haufe.de
Lektorat: Jasmin Jallad

Idee & Konzeption: Dr. Matthias Nöllke, Textbüro Nöllke München
Umschlag- und Buchgestaltung: fuchs-design, 81671 München
Lektorat und DTP: Text+Design Jutta Cram, 86157 Augsburg, www.textplusdesign.de
Druck: Schätzl Druck, 86609 Donauwörth

Zur Herstellung der Bücher wird nur alterungsbeständiges Papier verwendet.

Helmut Geyer
Bernd Ahrendt

Crashkurs BWL

Inhalt

Vorwort 9

Von Betrieben und Unternehmen 11

Was ist eigentlich Betriebswirtschaftslehre? 11
Organisation - Wie ist ein Unternehmen aufgebaut? 14

Wie Sie ein Unternehmen führen 23

Der Managementzyklus – von der Planung zur Kontrolle 24
Kontrolle oder Controlling? 29
Gemeinsam an einem Strang – die Mitarbeiterführung im Unternehmen 34
Moderne Managementmethoden – von Benchmarking bis Target Costing 41

Marketing: Wie kommt das Produkt zum Kunden? 49

Wie sich Produkte unterscheiden 50
Wie sollten Sie bei der Entwicklung Ihres Marketingkonzepts vorgehen? 52
Die operativen Marketinginstrumente 59

Der leistungswirtschaftliche Prozess 75

Was brauchen Sie zum Produzieren? 75
Welche Produkte gibt es? 78
Wie Sie Ihre Produktion planen 79
Materialwirtschaft: Wie kommt man an die Sachen ran? 91
Wie besorge ich die Werkstoffe? 95
Logistik: Wie kommen die Waren an ihren Bestimmungsort? 101

Personalmanagement – die Potenziale der Mitarbeiter 105

Die arbeitsrechtlichen Rahmenbedingungen 106
Der Arbeitsvertrag 108
Den Personalbedarf decken: Personalbeschaffung 110

Mitarbeiter motivieren und entlohnen 114
Fähigkeiten fördern: Die Personalentwicklung 117
Das Arbeitsverhältnis beenden: Personalfreisetzung 119

Investition und Finanzierung 123

Wieso investiert man? 124
Welche Verbindung besteht zwischen Investition und Finanzierung? 133
In welcher Höhe kann ein Unternehmen investieren? 134
Methoden zur Beurteilung von Investitionen 139

Damit Ihr Unternehmen liquide bleibt: Finanzmanagement 159

Wie Sie das Finanzmanagement im Unternehmen aufbauen 159
Wie Sie das finanzielle Gleichgewicht sichern 161
Woher kommt das Kapital? 168
Planung der Liquidität - Zahlungsfähigkeit als Notwendigkeit 177

Das betriebliche Rechnungswesen – das Unternehmen in Zahlen 181

Die wichtigsten Teilgebiete 182
Grundbegriffe des Rechnungswesens 185

Kostenrechnung – die sachzielbezogenen Vorgänge im Unternehmen abbilden 189

Welche Kostenkategorien gibt es? 189
Die Kostenartenrechnung 195
Die Kostenstellenrechnung 198
Die Kostenträgerrechnung 200
Die Plankostenrechnung 203
Die Deckungsbeitragsrechnung 204
Neuere Verfahren der Kostenrechnung 208

Der Jahresabschluss – die Unternehmensabbildung nach außen 211

Was ist der handelsrechtliche Jahresabschluss? 211
Inhalt, Gliederung und Bewertung in der Bilanz 214

Die Gewinn- und Verlustrechnung (GuV)   218

Weiter gehende Informationen: Anhang und Lagebericht   227

Die Bilanzpolitik – Freiräume nutzen   229

Für mehr Information: Die Jahresabschlussanalyse   230

Die Konzernrechnungslegung   237

Internationale Trends in der Rechnungslegung   239

Neue Ansichten vom Unternehmen: Die Wertorientierung   241

Werttreibermanagement   243

Basel II und Mittelstand   245

Was ist Rating?   245

Ist Basel II eine Schikane für den Mittelstand?   248

Voraussichtliche Auswirkungen   249

Stichwortverzeichnis   251

Vorwort

Dieser Ratgeber erklärt einfach und verständlich betriebswirtschaftliche Grundbegriffe. Jedes Unternehmen ist in Güter- und Zahlungsströme eingebettet, die ausführlich dargestellt werden. Basis für die unternehmerische Tätigkeit ist ein gut organisiertes Unternehmen, infolgedessen gehen wir zunächst kurz auf den Aufbau und klassische Führungsstrukturen ein. Der Managementprozess, das Controlling und einige wichtige Managementmethoden werden im weiteren Verlauf vorgestellt. Danach wenden wir uns den leistungswirtschaftlichen Phasen des Unternehmensprozesses zu.

Ein Unternehmen lebt vom Verkauf seiner Produkte und Dienstleistungen, deshalb beginnen wir beim Marketing. Nur was abgesetzt werden kann, sollte überhaupt produziert werden. Und die Produktion wiederum ist nur möglich, wenn Materialwirtschaft sowie die Logistik berücksichtigt werden. Diesem logischen Ablauf folgen die nächsten Bausteine des Buches. Ergänzt werden diese Ausführungen durch einen Exkurs zu den rechtlichen Seiten des Personalmanagements.

Kein Unternehmen kann ohne Kapital auskommen, demzufolge werden in einem anschließenden Abschnitt zunächst der Investitionsprozess und danach die Beziehungen zum Kredit- und Kapitalmarkt sowie wesentliche Aspekte der Finanzplanung beleuchtet.

Abgeschlossen wird das Buch durch einen ausführlichen Teil zum Rechnungswesen, der Abbildung des Unternehmens in Zahlen. Erst durch die dort festgelegten einheitlichen Regeln wird es möglich, dass einerseits die Geschäftsleitung eine umfassende Einsicht in die wirtschaftliche Situation des Unternehmens erhält und andererseits all jene, die mit dem Unternehmen in irgendwelchen ökonomischen Beziehungen stehen, imstande sind, sich einen umfassenden Überblick zu verschaffen. Insbesondere können das Lieferanten und Kunden, aber auch Banken, Arbeitnehmer und potenzielle Investoren sein.

Immer mehr Menschen erkennen, dass ein fundiertes Grundverständnis wirtschaftlicher und speziell betriebswirtschaftlicher Zusammenhänge unerlässlich ist, um vielen Anforderungen im Berufsleben gerecht zu werden. Dieses Buch soll dazu beitragen, die wesentlichen Grundzusammenhänge zu erfassen. Es soll Ihnen ermöglichen, selbstständig fundierte wirtschaftliche Entscheidungen zu treffen, indem Sie wesentliche Verknüpfungen erkennen und in die Lage versetzt werden, komplexe Auswirkungen von Alternativen einzuschätzen. Großen Wert haben wir auf allgemeine Verständlichkeit und Praxisnähe gelegt. Wesentliche Begriffe, Berechnungsbeispiele und Anwendungen finden Sie darüber hinaus auf der beiliegenden CD-ROM.

Wir wünschen Ihnen viel Spaß bei der Umsetzung in die Praxis!

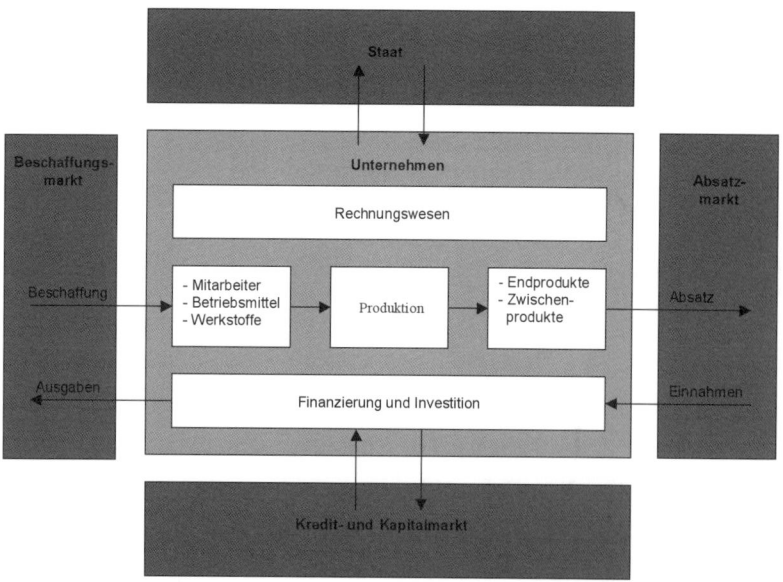

Von Betrieben und Unternehmen

In diesem Einführungskapitel erfahren Sie Grundsätzliches zur Betriebswirtschaftslehre und zu Aufbau und Organisation von Unternehmen.

Was ist eigentlich Betriebswirtschaftslehre?

Während die Volkswirtschaftslehre gesamtwirtschaftliche Zusammenhänge untersucht – etwa innerhalb eines Staats –, ist das primäre Betätigungsfeld der Betriebswirtschaftslehre die Analyse der Einzelwirtschaft – vor allem der privatwirtschaftlichen Unternehmen und Betriebe. Trotzdem sind Volks- und Betriebswirtschaft als die beiden Hauptbereiche der Wirtschaftswissenschaften eng miteinander verbunden. Schließlich setzt sich die Volkswirtschaft aus einer Vielzahl von Einzelwirtschaften zusammen und die Einzelwirtschaft agiert in einem volkswirtschaftlichen Rahmen.

Untersuchung von Einzelwirtschaften

Die Betriebswirtschaftslehre hat die wirtschaftliche Seite der Unternehmen zum Gegenstand und berücksichtigt andere Bereiche nur insofern, als sie Einfluss auf diese wirtschaftliche Seite haben.

Wirtschaftseinheiten

Die Beteiligten am arbeitsteiligen Wirtschaftsprozess nennt man Wirtschaftseinheiten. Sie stehen im Regelfall unter einheitlicher Leitung und treffen auf dem Markt aufeinander. Sie bieten Güter, also Produkte und Dienstleistungen, an oder suchen sie und tauschen sie untereinander aus.

Arbeitsteiliger Wirtschaftsprozess

Bei genauerer Betrachtung kann man schnell erkennen, dass es unterschiedliche Formen von Wirtschaftseinheiten gibt:

Privat-
haushalte

- einerseits die privaten Haushalte, die überwiegend als Nachfrager für den eigenen Konsum auftreten,

Unternehmen

- andererseits Betriebe und Unternehmen, die Güter sowohl anbieten als auch nachfragen.

Unternehmen
und Betrieb

Im täglichen Sprachgebrauch werden die Begriffe „Unternehmen" und „Betrieb" häufig synonym verwendet, schließlich weiß man, was gemeint ist. Auch Firma, Geschäft, Gesellschaft oder Laden reihen sich in diese Begriffsvielfalt ein. Für eine genaue Untersuchung ist es jedoch erforderlich, den Begriffen exakte Inhalte zuzuordnen. Wir halten die folgende Trennung für sinnvoll:

Betrieb

Ein Betrieb ist eine planvoll organisierte Wirtschaftseinheit. Unter dem Oberbegriff des Betriebs sind

Unternehmen

- einerseits die Unternehmen zu verstehen, die unter marktwirtschaftlichen Gesichtspunkten Güter und Dienstleistungen herstellen, diese Leistungen über den Absatz der Güter verwerten und damit das Ziel verfolgen, Gewinn zu erwirtschaften;

Öffentliche
Betriebe

- andererseits gehören zu den Betrieben auch öffentliche Betriebe und Haushalte, die zwar wirtschaftlich tätig sind, aber nicht das primäre Ziel der Gewinnerzielung verfolgen.

Allen Betrieben gemeinsam sind folgende Prinzipien:

Kombination der
Produktions-
faktoren

- Kombination der Produktionsfaktoren
  - menschliche Arbeit,
  - Betriebsmittel – das sind Gebäude, Maschinen, Anlagen usw. – und
  - Werkstoffe (Materialien und Hilfsstoffe);

- Prinzip der Wirtschaftlichkeit: Dieses Prinzip wird auch als „ökonomisches Prinzip" bezeichnet und sagt aus, dass ein möglichst günstiges Verhältnis zwischen dem Ertrag und dem Aufwand, also eine hohe Wirtschaftlichkeit erreicht werden soll; *Ökonomisches Prinzip*

- Prinzip des finanzwirtschaftlichen Gleichgewichts: Jeder Betrieb muss seinen Zahlungsverpflichtungen betrags- und termingenau nachkommen. Diese Fähigkeit wird als Liquidität bezeichnet. Jedoch reicht finanzwirtschaftliches Gleichgewicht allein als Voraussetzung für die Existenz des Betriebs nicht aus. Es ist eine notwendige, aber keine hinreichende Bedingung. *Liquidität*

Unternehmen

Diese Prinzipien treffen auf sämtliche Betriebe zu. Als Bestimmungsfaktor für Unternehmen kommt noch ein weiteres hinzu, nämlich das erwerbswirtschaftliche Prinzip. *Erwerbswirtschaftliches Prinzip*

Dieses Prinzip bezeichnet das Streben nach wirtschaftlichem Erfolg, nach Gewinnmaximierung. In Relation gesetzt zu den dafür erforderlichen Einsatzgrößen, beispielsweise dem Kapitaleinsatz, kann man die Rentabilität der eingesetzten Faktoren bestimmen. Auch das Streben nach höchstmöglicher Rentabilität gehört zum erwerbswirtschaftlichen Prinzip.

Obwohl die Betriebswirtschaftslehre prinzipiell alle Wirtschaftseinheiten zum Untersuchungsgegenstand hat, soll in diesem Buch der Schwerpunkt auf den Unternehmen liegen.

Organisation – Wie ist ein Unternehmen aufgebaut?

 PRAXIS-BEISPIEL: DER „ANDERE" CHEF

Die Herren Schall und Rauch als Gesellschafter und Geschäftsführer der Schall & Rauch GmbH gerieten sich in die Haare: Jedesmal, wenn ihr Mitarbeiter Herr Streit eine Aufgabe nicht zufrieden stellend erfüllt hat, beruft er sich darauf, dass ihm der „andere" Chef einen völlig anderen Auftrag erteilt habe. Außerdem gehöre gerade diese Aufgabe gar nicht zu seinen Pflichten und bei diesem organisatorischen Chaos könnten alle froh sein, dass er überhaupt noch arbeite!

Einzelfallentscheidung oder generelle Regelung?

Die Organisation des Unternehmens ist Führungsaufgabe. Es gilt zu unterscheiden, wann es sinnvoll ist, generelle Regelungen zu treffen, an die sich alle halten müssen, und wann es zweckmäßiger ist, den Einzelfall zu entscheiden.

Organisation im Sinne von „Organisieren" bedeutet, Vorgänge, die sich mehr oder weniger regelmäßig wiederholen, zu strukturieren. Indem Sie ihren Ablauf analysieren, werden Sie in die Lage versetzt, generelle Regelungen für den konkreten Fall und für alle künftigen Wiederholungen zu treffen. Und damit genießen Sie die Vorteile guter Organisation:

- Vereinfachung laufender Führungsaufgaben und damit Erhöhung der eigenen Kapazität,

Vorteile guter Organisation

- Rationalisierung von Betriebsabläufen,

- verbesserte Arbeitsteilung.

Probleme können entstehen bei einem zu hohen Grad der Organisation:

- Einschränkung individueller Spielräume und damit Demotivation von Mitarbeitern,

- Entpersönlichung, das heißt, alles wird zum „Vorgang",

- Schematisierung und Einschränkung der Elastizität.

Das Gegenstück zur Organisation ist die Disposition, die Anordnung für den Einzelfall. Individuelle Disposition ersetzt fehlende Organisation dort, wo diese nicht realisiert werden kann oder soll. Das gilt besonders, wenn Vorgänge unerwartet oder erstmalig auftreten und unter Zeitdruck einer Lösung zugeführt werden müssen. Organisation und Disposition sollten sich im Unternehmen sinnvoll ergänzen.

Disposition

EXPERTEN-TIPP: DISPOSITIONEN

Dispositionen sind aufwendig. Prüfen Sie deshalb bei jeder Disposition im Nachhinein, ob durch eine organisatorische Regelung späterer Dispositionsaufwand vermieden werden kann.

Welche Hierarchie herrscht im Unternehmen?

Die Aufbauorganisation beschreibt das hierarchische Gefüge des Unternehmens. Bei ihrer Gestaltung sind folgende Aufgaben zu lösen:

Aufbauorganisation

- Welche Stellen werden geschaffen?

- Welche Befugnisse und Kompetenzen sind mit diesen Stellen verbunden?

- Welche Verantwortlichkeiten sind den Stellen zuzuordnen?

- Wie sind die Beziehungen der Stellen untereinander geregelt?

Fachkompetenz und Disziplinarbefugnis

Bedeutsam sind einerseits die Fachkompetenz, das heißt die fachliche Anleitung im Unternehmen bzw. in Teilbereichen, und andererseits die Disziplinarbefugnis, das heißt der hierarchische Aufbau und damit die Anweisungsbefugnis. Daraus wird deutlich, dass die Aufbauorganisation eng mit dem Leitungssystem eines Unternehmens verknüpft ist.

Grundsätzlich folgt der Aufbau der Organisation einem der beiden folgenden Prinzipien:

Funktionen

- Funktionen, wie z. B. kaufmännischer Bereich, technischer Bereich, untersetzt mit weiteren Untergliederungen (verrichtungsorientiert);

Sparten

- Sparten, orientiert an Produkten, Kundengruppen, Regionen usw.

Bei einem Organisationsaufbau nach Sparten werden üblicherweise Einzelfunktionen wie etwa die Personalabteilung, das Rechnungswesen o. Ä. als „Dienstleister" für alle Sparten ausgegliedert und einer separaten Sparte „allgemeine Verwaltung" unterstellt.

Mischformen

In der Unternehmenspraxis dominieren Mischformen dieser beiden grundsätzlichen Zuordnungsmöglichkeiten.

Typische Organisationsformen

Im Folgenden gehen wir kurz auf die wesentlichen Organisationsformen ein:

Ein-Linien-System

- Das Ein-Linien-System ist durch eindeutige fachliche und disziplinarische Zuordnung gekennzeichnet. Jede untergeordnete Stelle empfängt ihre Weisungen genau von einer übergeordneten Stelle. Und genau dieser einen Stelle ist sie auch rechenschaftspflichtig. Es gibt keine Doppelunterstellungen.

■ Beim Stab-Linien-System werden bestimmte Aufgaben abgespalten und sogenannten Stabsstellen zugeordnet. Damit kommt man dem Trend nach zunehmender Spezialisierung nach. Typische Stabsstellen sind Rechtsabteilungen, zentralisierte Büros, Assistenten u. a. Die Stabsstellen haben keine Führungs- und Anweisungskompetenz, sondern unterstützen die Stellen, denen sie zugeordnet sind.

Stab-Linien-System

■ Nicht immer sind diese oben genannten Systeme am günstigsten. Einerseits sind aufgrund des streng hierarchischen Aufbaus zwischen gleich geordneten Abteilungen lange Informationswege zu überbrücken, andererseits ignorieren sie die Fachkompetenz, die nicht immer nur auf geradem Wege zwischen zwei Abteilungen ausgeübt werden kann. Um diese Mängel auszugleichen, wird das Mehr-Linien-System eingesetzt. Bei diesem Prinzip kann eine Stelle von mehreren Stellen Aufträge empfangen, und zwar immer von denen, die für ein ganz bestimmtes Teilgebiet verantwortlich sind.

Mehr-Linien-System

EXPERTEN-TIPP: KEINE DOPPELUNTERSTELLUNG

Treffen Sie unbedingt genaue Festlegungen darüber, wer in welchen Bereichen wem weisungsberechtigt ist. Ansonsten kommt es zu Doppelunterstellungen.

■ Die Matrixorganisation ist eine Organisationsform, die gewöhnlich in großen Unternehmen verwendet wird. Sie ist gewissermaßen eine Spezialform der Mehrfachunterstellung, bei der sich Sach- und Spartenfunktionen überlagern. Einer einheitlichen Geschäftsführung unterstellt sind

Matrix-organisation

- einerseits die verschiedenen Funktionen wie Beschaffung, Produktion, Absatz und Verwaltung,
- andererseits gibt es innerhalb dieser verrichtungsorientierten Struktur eine Trennung nach den verschiedenen Produktgruppen (Sparten). Auch diese einzelnen Sparten werden separat geführt.

Daraus resultiert eine doppelte Zuordnung der einzelnen Abteilungen, was durch eindeutige Kompetenzregelungen praktikabel gestaltet werden muss.

Handlungsabläufe organisieren

Ablauf-
organisation

Neben dem Aufbau des Unternehmens gilt es auch, die Handlungsabläufe im Unternehmen zu organisieren. Beide Betrachtungsebenen ergänzen einander und können nicht unabhängig voneinander ausgebildet werden. Im Rahmen der Ablauforganisation werden

- einzelne Tätigkeiten,

- die Zeiten, die für ihre Ausführung erforderlich sind, sowie

- die Mittel und Wege, die dabei eingesetzt werden,

erfasst und systematisch zusammengestellt. Zu gestalten sind dabei u. a.

- Arbeitsabläufe,

- Prozesse im Unternehmen und

- Kommunikation im Unternehmen (betriebliches Informationswesen).

Zu den Arbeitsabläufen zählen u. a.   Arbeitsabläufe

- der Transport von Werkstücken von Arbeitsgang zu Arbeitsgang. Hier ist z. B. zu klären, welche Mengen zusammengefasst transportiert werden (jedes Teil einzeln, eine Kiste oder die Tagesproduktion), auf welchen Wegen und mit welchen Transportmitteln;

- die Weitergabe von Belegen.

Zu den Prozessen zählen unter anderem   Prozesse

- die Klärung, wann bestimmte Tätigkeiten auszuführen sind. So sollte unbedingt geordnet sein, dass beim Unterschreiten bestimmter Lagerbestandsmengen eine neue Bestellung ausgelöst werden muss. Es ist festzulegen, wer das tut und welche Stellen noch informiert werden;

- die Organisation der Verwaltung.

Es reicht nicht aus festzulegen, wer was zu tun hat. Darüber hinaus ist   Kommuni-
es wichtig zu bestimmen, welche Informationen an wen zu leiten sind.   kation
Wer muss wann und wie oft worüber informiert werden? Welche Informationen haben automatisch zu erfolgen und welche nur beim Überschreiten bestimmter Grenzwerte?

Welche Ziele sind mit einer guten Ablauforganisation verbunden?

Der mit den Abläufen verbundene Aufwand sollte möglichst gering sein. Viele Rückfragen, viele Doppelarbeiten, viele individuelle Entscheidungen und Informationen, die – bewusst oder unbewusst – nicht ordnungsgemäß weitergegeben werden, all das erhöht den Aufwand und reduziert damit die Rentabilität des gesamten betrieblichen Prozesses.

Schwerpunkte   Eine gute Ablauforganisation koordiniert die folgenden Schwerpunkte:

- Wirtschaftlichkeit,

- Ausnutzung der vorhandenen Kapazitäten,

- innerbetriebliche Logistik (Durchlauf),

- Verbesserung der Produktqualität,

- Verbesserung der Arbeitsbedingungen.

 TO DO: ORGANISATION VON ABLÄUFEN

- Erfassen Sie die bestehenden Abläufe mithilfe von Listen, Ablaufdiagrammen, Tabellen usw. möglichst genau.

- Analysieren Sie diese Abläufe und achten Sie dabei vor allem auf Schwachstellen:

  - Sind die Kapazitäten ausgenutzt, gibt es Überkapazitäten?

  - Konnten Sie Fehlerquellen entdecken?

  - Was haben Sie seit der letzten Ist-Aufnahme verändert? Konnten Sie die damals gestellten Ziele erreichen?

Bedenken Sie, dass es nicht ausreicht, eine Ablauforganisation zu entwickeln. Planen Sie auch den Aufwand, der durch die Umstellung selbst entstehen wird. Erarbeiten Sie entsprechende Checklisten. Die folgende Checkliste soll Ihnen nur einige Anregungen geben. Sie finden Sie auch auf Ihrer CD-ROM und können Sie direkt in Ihre Textverarbeitung übernehmen und dort bearbeiten.

CHECKLISTE: ABLAUFORGANISATION

Frage	ja	nein
Soll die Umstellung mit einem Mal oder schrittweise erfolgen?	✓	
Soll es zunächst „Testbereiche" geben?		
Was muss wann getan werden?		
Wer ist zuständig und verantwortlich?		

Denken Sie daran, die neuen Abläufe systematisch zu dokumentieren. Es ist unbedingt erforderlich, dass auch andere Ihre Vorstellungen nachvollziehen können. Zu den Techniken, die das möglich machen, gehören u. a. Tabellen und Listen, Blockschaltbilder, Daten- (Beleg-) flusspläne und Programmablaufpläne.

Abläufe dokumentieren

Wie Sie ein Unternehmen führen

PRAXIS-BEISPIEL: FÜRHUNGSKONZEPT

Im Ergebnis eines Seminars zur Unternehmensführung beschließen Herr Rauch und Herr Schall, bei künftigen Entscheidungen zur Schall & Rauch GmbH zwei Sätze nie zuzulassen:

1. Das haben wir noch nie so gemacht!

2. Das haben wir schon immer so gemacht!

Damit haben sie zwar recht markant und originell auf einen Aspekt ihres Führungsstils hingewiesen, aber noch lange nicht ihr Führungskonzept umfassend beschrieben. Was ist eigentlich Unternehmensführung?

Die Führung eines Unternehmens besteht nicht darin, die technischen Prozesse gut zu beherrschen. Das wird vorausgesetzt. Die Führung eines Unternehmens besteht vielmehr darin, technische, wirtschaftliche, politische und soziale Kriterien wohl abgewogen unter einen Hut zu bringen und damit das Unternehmen zu gestalten, zu steuern und zu überwachen.

Unternehmens-führung

Unternehmensführung lässt sich auf drei Hauptfunktionen oder Dimensionen zurückführen:

Drei Dimensionen

- die Dimension der Strukturen in der Unternehmensführung, also Organisation und Disposition, die bereits im vorigen Kapitel besprochen wurde

- die Dimension des Managementprozesses (die Phasen von der Planung bis zur Kontrolle)

- die personelle Dimension (das Verhältnis von Vorgesetztem und Mitarbeiter – Mitarbeiterführung)

Die letzten beiden Punkte sollen Gegenstand dieses Kapitels sein. Abgerundet wird es durch das Vorstellen einiger moderner Managementmethoden.

Der Managementzyklus – von der Planung zur Kontrolle

Entscheidungen treffen

Ein Unternehmen führen heißt Entscheidungen treffen. Dies ist kein einmaliger Akt, sondern ein Prozess, der durch fortwährende Vor- und Rückkopplungen und ständige Wiederholung gekennzeichnet ist. Gehen Sie die folgenden Schritte und beantworten Sie die Fragen.

1. Schritt: Was wollen wir erreichen?

Ziele festlegen

Ohne Ziele kann man auch keinen Erfolg feststellen. Die Festlegung von Zielen ist die Voraussetzung für Erfolg, denn Erfolg ist der Grad und die Art und Weise des Erreichens von Zielen.

 TO DO: UNTERNEHMENSZIELE BESTIMMEN

- Legen Sie wesentliche Ziele Ihres Unternehmens fest.

- Formulieren Sie diese Ziele so, dass der Grad des Erreichens messbar ist.

- Ordnen Sie diese Ziele den Kategorien
  - Leistungsziele (z. B. Marktanteile, Produktions- und Absatzmengen, Absatzwege, ...),
  - finanzielle Ziele (z. B. Höhe der Gewinnrücklagen, bestimmte Bilanzstrukturen, Liquiditätsreserven in Höhe und Struktur, ...) und
  - Erfolgsziele (z. B. Umsatzvolumen und -struktur, Kostenstruktur, Gewinn und Rentabilität)

  zu.

2. Schritt: Wo liegt das Problem, um die Ziele zu erreichen?

Wie ist die momentane Lage und wie wird sie sich voraussichtlich entwickeln? Wenn Sie diese Frage beantworten und die Antwort mit den Zielen aus dem ersten Schritt vergleichen, wissen Sie, welches Problem Sie zu lösen haben. Das Problem besteht in dem Unterschied zwischen der gegenwärtigen und der angestrebten Situation.

EXPERTEN-TIPP: PORTIONIEREN DER PROBLEME

Ein großes, unüberwindbar scheinendes Problem wird auf einmal ganz anders wahrgenommen, wenn man es in Teilprobleme und Einzelelemente zerlegt. Bringen Sie diese so erkannten Teilprobleme in eine Struktur und Hierarchie:

- Was muss zuerst gelöst werden?

- Welche Zusammenhänge gibt es zwischen den einzelnen Teilproblemen?

- Wie beeinflussen sie sich gegenseitig?

3. Schritt: Was gibt es für Alternativen?

Kreativitäts-
techniken

Dies ist der Schritt, der wohl die höchste Kreativität erfordert: Wer hat die besten Ideen, um das Problem zu lösen? Das ist eine gute Möglichkeit, um Kreativitätstechniken wie z. B. das Brainstorming einzusetzen. Nachdem Ideen zunächst einmal nur gesammelt werden, gilt es danach, sie zu strukturieren und die übrig gebliebenen Alternativen hinsichtlich erforderlicher Maßnahmen, Ressourcen, Termine usw. zu konkretisieren.

Die folgende Checkliste, die Sie auch auf Ihrer CD-ROM finden, soll Ihnen einen Überblick darüber geben, ob Sie wirklich an alles gedacht haben, und Ihnen außerdem bei der Bewertung der gefundenen Alternativen behilflich sein.

 CHECKLISTE: ALTERNATIVE PROBLEMLÖSUNGEN

Frage	Bemerkungen
Sind alle identifizierten Probleme durch die Alternativen abgedeckt?	
Und verstößt auch keine der ins Auge gefassten Problemlösungen gegen festgelegte Prämissen, Ziele und Grenzen?	
Wie hoch ist die Wahrscheinlichkeit des Eintretens der angenommenen Bedingungen und wovon ist das Eintreten abhängig?	
Wovon ist die Realisierbarkeit abhängig?	
Sind die Alternativen unabhängig voneinander realisierbar?	

4. Schritt: Welche Wirkungen werden wir erzielen?

Nachdem Sie sich für eine überschaubare Anzahl von Alternativen entschieden haben – diese Auswahl nimmt Ihnen niemand ab –, geht es darum herauszufinden, wie diese Alternativen wirken werden. Schätzen Sie ab, mit welchen Wahrscheinlichkeiten die Ergebnisse eintreffen. Versuchen Sie, unter verschiedenen Gesichtspunkten (best case – worst case) das voraussichtliche Ergebnis Ihres Handelns zu erkennen.

Die Qualität jeder Prognose ist durch die beiden Kriterien Informationsgehalt und Sicherheit gekennzeichnet. Nur: Je enger Sie das Ergebnis eingrenzen, desto geringer ist die Wahrscheinlichkeit, dass genau dieses Ergebnis auch eintritt. Oder: Je breiter der mögliche Zielkorridor ist, desto höher ist die Wahrscheinlichkeit, dass Sie ihn auch erreichen. Dieser „Widerspruch in sich" ist eines der Hauptprobleme aller Prognosen.

Informationsgehalt und Sicherheit

5. Schritt: Und wie entscheiden wir uns nun?

Nun geht es darum, die Alternativen zu bewerten und eine Entscheidung zu treffen. Hierfür gibt es keine Patentlösungen. Je besser Ihre Vorarbeit war, desto leichter wird Ihnen nun die Entscheidung fallen.

Zahlreiche Vorentscheidungen werden Sie schon in der Planungsphase getroffen haben. Versuchen Sie, nicht alle Entscheidungen selbst zu treffen, sondern ordnen Sie sie je nach Wichtigkeit verschiedenen Hierarchiestufen zu.

Entscheidungen delegieren

■ Echte Führungsentscheidungen, die den Bestand und die Gesamtentwicklung des Unternehmens betreffen, können Sie nicht delegieren.

- Eine Vielzahl von Einzelentscheidungen, die nur Teilbereiche des Unternehmens betreffen, sollten auf der niedrigstmöglichen Ebene entschieden werden.

6. Schritt: Jetzt müssen wir unsere Entscheidung nur noch durchsetzen!

Diese Durchsetzung kann immer dann zum eigenen Problem werden, wenn der Entscheider und derjenige, der sie ausführen muss, aufgabenmäßig oder organisatorisch getrennt sind. Auch wenn die Verwirklichung von Entscheidungen von Dritten (z. B. Banken) abhängig ist, kann dieser Schritt zu einem wichtigen eigenständigen Punkt werden.

Kennen – können – wollen

Die Ausführenden müssen die beschlossenen Maßnahmen kennen, die nötigen Fertigkeiten, aber auch Ressourcen und Kompetenzen für die Durchführung haben und entsprechend motiviert sein oder werden.

Achten Sie auf das Klima im Unternehmen. Nicht jeder, den Sie mit der Durchsetzung von Maßnahmen beauftragen, ist dazu in der Lage oder wird von den Kollegen akzeptiert.

7. Schritt: Vertrauen ist gut, Kontrolle ist besser

Zielerreichung und Abweichung

Kontrolle hat nichts mit Misstrauen zu tun! Es geht darum, nach der Realisation der Maßnahmen zu prüfen, ob das gewünschte Ziel auch erreicht wurde. Nur so können Sie Erfolg messen. Und es reicht nicht festzustellen, ob man sein Ziel erreicht hat. Noch wichtiger ist es herauszubekommen, worauf Abweichungen zurückzuführen sind.

EXPERTEN-TIPP: ABLAUF NICHT SYSTEMATISCH

Diese sieben Schritte laufen nicht systematisch hintereinander ab. Sie sind gekennzeichnet durch permanente zusätzliche Informationsgewinnung einerseits und Feedback andererseits. Die auf diese Weise gewonnenen zusätzlichen Informationen führen immer wieder zu neuen Konstellationen und neuen Entscheidungszwängen.

Kontrolle oder Controlling?

Was so ähnlich klingt, ist nicht das Gleiche.

- Kontrolle ist der Vergleich einer tatsächlichen Situation mit einem gewünschten Zustand.　　　*Kontrolle*

- Controlling ist eine Führungsfunktion.　　　*Controlling*

Aber nicht der Controller selbst führt das Unternehmen. Das muss die Unternehmensführung allein tun. Controlling ist ein Hilfsmittel, das im Unternehmen über alle Hierarchieebenen hinweg genutzt werden sollte. Auf der Basis gesammelter Zahlen bereitet Controlling Entscheidungen vor.

Seine Hauptaufgaben sind　　　*Hauptaufgaben des Controlling*

- Steuerung

- Überwachung

- Information und

- Beratung.

Das Unternehmen steuern

Instrumente   Unternehmenssteuerung ist Führungsaufgabe. Im Wesentlichen stehen dafür zwei Instrumente zur Verfügung:

- die Planung und

- die Budgetierung (oder, wie es auf Neudeutsch heißt: das Budgeting).

Planung   Planung ist der Versuch, Entwicklungen während eines Planungszeitraums fachgerecht vorherzusagen.

 EXPERTEN-TIPP: REALITÄTSNAHE PLANUNG

Planung muss sich an der Realität orientieren. Das Schweben auf Wolke Sieben mag ganz angenehm sein und schützt zumindest kurzfristig vor unangenehmen Rückfragen der Geschäftsführung, aber spätestens bei der Abweichungsanalyse holt Sie die Wirklichkeit wieder ein.

Ein Qualitätsmerkmal guter Planung ist, die Abhängigkeiten innerhalb des Unternehmens zu berücksichtigen und gleichzeitig die Verbindungen zum Markt zu beachten.

Budgetierung   Die Planzahlen werden dann in Budgets umgesetzt. Damit wird den einzelnen Unternehmenseinheiten die Verantwortung für Teilziele übertragen, die durch sie zu beeinflussen sind.

Überwachung: Abweichungen erkennen und analysieren

Diese Aufgabe des Controlling ist der Teil, der mit dem deutschen Wort „Kontrolle" am besten zu übersetzen ist: das Feststellen von Abweichungen und die Analyse von Ursachen. Speziell hier gilt aber auch: Nur rechtzeitiges Erkennen von Abweichungen kann rechtzeitiges Reagieren ermöglichen.

Demzufolge ist es nicht mit einer einmaligen Kontrolle getan. Nur regelmäßige Überwachung lässt Zusammenhänge ausreichend erkennen und ermöglicht einerseits kurzfristige Reaktion und andererseits das nächste Mal genauere Planung.

Regelmäßige Überwachung

Information: Zugänglichmachen von Daten

Eine sinnvolle Planung ist nur auf der Basis gesicherter Daten möglich. Wer sollte die sammeln und bereitstellen, wenn nicht das Controlling?

Allein das Sammeln vergangenheitsbezogener Daten reicht aber nicht aus. Die Informationen müssen den Entscheidungsträgern zugänglich gemacht werden, und zwar nicht nur einmal jährlich, sondern permanent. Zur Hauptaufgabe „Information" gehören demzufolge sowohl

Permanente Aufgabe

- die Kommunikation zwischen den Unternehmensbereichen als auch

- das regelmäßige Reporting für die Unternehmensführung.

Controlling ist die Klammer über die einzelnen Unternehmensbereiche.

EXPERTEN-TIPP: GRENZWERTE FESTLEGEN

Legen Sie hinsichtlich der Abweichung der Soll- von den Istwerten Grenzwerte fest, bei deren Überschreiten reagiert werden muss (Meldung an Führungsorgane, Disposition, Planänderung). Das gilt übrigens auch für positive Abweichungen! Bei einem erwarteten höheren Auftragseingang müssen z. B. der Materialeinkauf und die Fertigungsleitung frühzeitig informiert sein.

Beratung: Auswirkungen ableiten

Controlling heißt auch Beratung. Beratung in der Form, dass Auswirkungen von Entscheidungen berechnet und daraus positive und negative Auswirkungen auf andere Unternehmensbereiche und das Gesamtunternehmen abgeleitet werden. Beispiele dafür sind Auswirkungen auf die Liquidität, die Rentabilität usw., aber auch auf die Kapazitäten des Unternehmens.

Welche Controllinginstrumente gibt es?

Als Verantwortlicher für Controlling müssen Sie nicht jedes Mal das Fahrrad neu erfinden, Sie können auf eine Vielzahl von Instrumenten zurückgreifen, um Ihren Aufgaben gerecht zu werden. Aber auch dann, wenn Sie nicht direkt mit dem Controlling befasst sind, hilft es Ihnen weiter, wenn Sie die wesentlichen Instrumente wenigstens im Ansatz kennen.

Controlling-
instrumente

Zu den Controllinginstrumenten gehören unter anderem

- die Verfahren der Investitionsrechnung, die später ausführlicher vorgestellt werden,

- die Berechnung der Liquidität, also das Aufstellen eines Liquiditätsplans,

- die übersichtliche und vollständige Darstellung der Marktsituation mithilfe der Portfolioanalyse (vgl. das Kapitel „Marketing"),

- die Balanced Scorecard zur Verknüpfung der sogenannten „harten" vergangenheitsbezogenen finanzwirtschaftlichen Faktoren mit den „weichen", die den langfristigen Unternehmenserfolg sichern.

 CD-ROM: KENNZAHLENRECHNER

Auf Ihrer CD-ROM finden Sie einige Rechner, die Ihnen die Berechnung verschiedener Kennzahlen einfach machen.

Die Balanced Scorecard

Mit der Balanced Scorecard wird versucht, die verschiedenen Perspektiven, aus denen die Tätigkeit eines Unternehmens betrachtet wird, zu ordnen und die jeweiligen strategischen Ziele in Kennzahlen zu fassen.

Verschiedene Perspektiven

Allgemein übliche Perspektiven sind:

- die finanzwirtschaftliche Perspektive (Kennzahlen sind u. a. die Gewinnmargen der wesentlichen Produkte, Wachstum auf verschiedenen Märkten und der Umsatz je Produktgruppe),

  Finanzwirtschaft

- die kundenorientierte Perspektive (Wachstum bei den wichtigsten Kunden, Anzahl von Kunden mit besonderer Spezifik, z. B. Fachhändler u. a.),

  Kunden

- die Perspektive der Geschäftsprozesse (Nutzungsgrad des Internets/ E-Commerce, Zeiten für die Entwicklung neuer Produkte, Anzahl der Geschäftskontakte usw.),

  Geschäftsprozesse

- die personelle Perspektive (Fluktuation, Schulungstage und Seminare, durchschnittliche Qualifikation in bestimmten Berufsgruppen u. a.).

  Personal

Die Kennzahlen der Balanced Scorecard dienen als Basis für die Beurteilung der Leistung des gesamten Unternehmens und der einzelnen Mitarbeiter. Dafür müssen sie auch allen Mitarbeitern bekannt sein. In ihrer Anwendung geht die Balanced Scorecard über ein gewöhnliches Kennzahlensystem hinaus.

Gemeinsam an einem Strang – die Mitarbeiterführung im Unternehmen

Mitarbeiterführung ist wohl die wichtigste Managementaufgabe. Ein Unternehmen wird geprägt von Menschen, nicht von Maschinen. Worin besteht das eigentliche Führungsproblem?

Unternehmens-
ziele

■ Die Mitarbeiter sollen veranlasst werden, ihren Beitrag zum Erreichen der Unternehmensziele zu leisten. Ihre Leistung prägt die Produktivität des Unternehmens.

Persönliche
Ziele

■ Die Mitarbeiter sollen andererseits auch ihre persönlichen Ziele erreichen können. Materielle und ideelle Zufriedenheit führen zu Motivation und damit zu höherer Leistungsbereitschaft.

Demzufolge gilt es, die Persönlichkeit des Mitarbeiters, das Arbeitsumfeld und die Zielstellungen von Unternehmen und Mitarbeiter zu koordinieren.

Unter-
schiedliche
Erwartungen

Dazu kommt, dass die Erwartungen der einzelnen Mitarbeiter an das Führungsverhalten sehr unterschiedlich sein können – der eine legt besonderen Wert auf ein „familiäres" Betriebsklima, der andere möchte klare Anweisungen und ansonsten in Ruhe gelassen werden.

Welche klassischen Führungsstile gibt es?

Die klassischen Führungsstile werden im Allgemeinen folgendermaßen voneinander abgegrenzt:

■ autoritärer Führungsstil,

■ kooperativer Führungsstil,

■ Laissez-faire-Führungsstil.

Da laissez faire im Sinne von Laufenlassen letztlich „gar nicht führen" bedeutet, kann dieses Extrem wohl außer Acht gelassen werden. An dessen Stelle sollte der demokratische Führungsstil das Spektrum begrenzen.

Jeder Führungsstil hat, abhängig von der konkreten Situation, seine Berechtigung.

Wann ist ein eher autoritärer Führungsstil angebracht?

Autoritäres Führen ist vor allem geeignet bei

- starkem Niveauunterschied zwischen Führungspersönlichkeit und Mitarbeitern,

- Situationen, die rasche Entscheidungen verlangen,

- Arbeitsaufgaben, die durch hohe Routine und geringe Anforderungen an die Kreativität und Eigeninitiative gekennzeichnet sind,

- hohem Organisationsgrad und ausgeprägter Hierarchie im Unternehmen.

Dann können die Vorteile dieses Führungsstils genutzt werden, die im Wesentlichen in Folgendem bestehen:

Vorteile

- rasche Entscheidungen bei klarer Rollenverteilung,

- erleichterte Koordination durch eindeutige „Befehlsgewalt",

- Nutzung von Spezialkenntnissen von Mitarbeitern und

- höhere Zufriedenheit bei autoritätsangepassten Mitarbeitern.

Wann ist ein eher demokratischer Führungsstil angebracht?

In der Wirtschaft ist Demokratie eher untypisch. Aufgrund des verteilten Risikos zwischen Kapitalgebern und Arbeitnehmern würde ein echtes demokratisches Vorgehen zu deutlichen Ungerechtigkeiten führen.

Als Führungsstil hat die Demokratie in bestimmten Fällen aber ihre Berechtigung, nämlich bei

- Mitarbeitern mit hoher Leistungsmotivation und Initiative,

- Situationen und Aufgaben, die Kreativität erfordern (z. B. bei hoch komplexen und innovativen Prozessen),

- lockerer Hierarchie und Beschränkung der Organisation auf Rahmenbedingungen, die durch die Mitarbeiter eigenverantwortlich ausgefüllt werden.

Vorteile   Die Vorteile bestehen in qualifizierten Entscheidungen durch das Einbeziehen des Sachverstands und der Ideen von Mitarbeitern und besserer Ausschöpfung des Kreativitätspotenzials. Engagierte Mitarbeiter sind motivierter, der Führungsnachwuchs wird gefördert.

Kooperativer   Eine exakte Abgrenzung der Führungsstile untereinander ist nicht
Führungsstil   möglich. Kooperativer Führungsstil liegt deshalb zwischen den beiden hier genannten Begrenzungen.

 EXPERTEN-TIPP: FÜRHUNGSSTIL KEINE PRIVATSACHE

Der Führungsstil ist viel zu entscheidend für den Unternehmenserfolg, als dass Sie ihn dem Zufall überlassen sollten. Persönliche Mentalitäten sollen Sie nicht ausblenden, sie dürfen aber nicht als Entschuldigung für uneffiziente Führung herhalten.

Die Wahl des Führungsstils ist abhängig von bestimmten Rahmenbedingungen. Beantworten Sie die Fragen der folgenden Checkliste so ehrlich wie möglich. Überlegen Sie, wie Sie Ihren eigenen Führungsstil daraufhin definieren würden. Diese Checkliste finden Sie übrigens auch auf Ihrer CD-ROM.

 CHECKLISTE: PRIORITÄTEN IM FÜHRUNGSVERHALTEN

Frage	Bemerkung
Was motiviert Sie selbst in Ihrem Beruf?	
Was erwarten Sie von Ihren Vorgesetzten?	
Ist Ihnen bei Ihren Mitarbeitern vor allem die Arbeitsleistung wichtig?	
Wie reagieren Sie, wenn die Arbeitsleistungen durch individuelle und soziale Bedürfnisse der Mitarbeiter gestört werden?	
Ist Ihnen eine gute Arbeitsatmosphäre für Ihre Mitarbeiter wichtig?	
Glauben Sie, dass Arbeitsleistungen durch das Betriebsklima gefördert werden?	
Sind die Anforderungen, die Sie an Ihre Mitarbeiter stellen, in Übereinstimmung zu bringen mit den Erwartungen, die Sie an Ihre eigenen Vorgesetzten haben?	

Managementkonzepte: Führung konkret

Die konkrete Form der Führung ist gekennzeichnet durch Managementkonzepte (Managementmodelle). Je nach individueller Ausprägung der oben genannten Führungsstile setzen sie Führungskräfte vor allem mit dem Ziel um, von Routineaufgaben entlastet zu werden.

Die bekanntesten Managementkonzepte sind:

- Management by Exception (Führung durch Kontrolle)

- Management by Delegation (Führung durch Übertragen von Aufgaben)

- Management by Objectives (Führung durch Zielvereinbarungen).

Auf diese „Management by ...“-Konzepte soll nun kurz eingegangen werden.

Management by Exception

Ein echtes Modell ist das Management by Exception wohl nicht, eher ein Prinzip. Man könnte in Anlehnung an den englischen Begriff auch sagen, dass hier die Führung in Ausnahmesituationen eingreift. Es werden klare Rahmendaten festgelegt und die Führungsperson erhält regelmäßig Informationen. Sobald bestimmte Toleranzen überschritten werden, greift der Vorgesetzte ein, ansonsten arbeiten die Mitarbeiter im Rahmen der ihnen vorgegebenen Kompetenzen. Management by Exception könnte auch als „Führung durch Abweichungskontrolle“ bezeichnet werden. Der Vorgesetzte soll von Routineaufgaben entlastet werden.

 PRAXIS-BEISPIEL: BESCHWERDENMANAGEMENT

Herr Dicke ist Bearbeiter für eingehende Beschwerden in einer örtlichen Bankfiliale. Er hat die Anweisung, alle Beschwerden, die eine Erstattung von Beträgen bis 5 € zur Folge haben, sofort zu entscheiden und den Betrag zu begleichen. Dabei sortiert er nur völlig abwegige Beschwerden aus. Liegt ein Erstattungsbetrag jedoch über 5 €, muss Herr Dicke den Filialleiter informieren, der dann entscheidet.

Management by Delegation

Auch hier soll der Vorgesetzte entlastet werden, allerdings durch eigenverantwortliche Entscheidungen der Mitarbeiter. Der Entscheidungsrahmen ist wesentlich weiter gesteckt als bei der reinen Abweichungskontrolle. Aufgaben werden delegiert und müssen an der Stelle, an die sie delegiert wurden, auch erfüllt werden. Der Vorgesetzte greift nicht ein, nimmt aber auch einmal delegierte Aufgaben nicht zurück. Dieses Konzept setzt ein hierarchisches System voraus, in dem die Aufgaben genau zugeordnet werden.

Eigenverantwortliche Mitarbeiterentscheidung

EXPERTEN-TIPP: MITARBEITER FORDERN

Delegieren Sie nicht nur uninteressante Aufgaben, mit denen Sie sich möglichst nicht selbst beschäftigen wollen. Motivation entsteht nur, wenn Ihre Mitarbeiter auch das Gefühl haben, etwas für das Unternehmen Sinnvolles selbst entscheiden zu können.

Management by Delegation setzt ein gut funktionierendes Kontroll- und Berichtssystem voraus, in dem Ihre Mitarbeiter auch die erforderlichen Querinformationen zur Verfügung gestellt bekommen müssen.

Management by Objectives

Hinsichtlich der Eigeninitiative von Mitarbeitern ist dieses Konzept ein weiterer Fortschritt. Sie identifizieren sich mit dem Unternehmen, arbeiten nach vereinbarten Zielen und werden entsprechend der Zielerreichung entlohnt. Entscheidungen werden häufig im Team getroffen, diese Teams können je nach Aufgabe auch wechselnde Mitglieder haben.

Häufig Teams

EXPERTEN-TIPP: ERREICH- UND MESSBARE ZIELE

Beachten Sie, dass die Ziele, die Sie Ihren Mitarbeitern stellen, erreichbar und messbar sein müssen. Achten Sie auch auf das persönliche Leistungsvermögen Ihrer Mitarbeiter. Ständiger Misserfolg und überhöhter Leistungsdruck führen schnell zur Frustration.

Was tun, wenn es Konflikte gibt?

Nicht das Aufkommen von Konflikten ist das Problem, sondern die Form, in der sie ausgetragen werden. Konflikte können auch produktiv sein, wenn sie zu höherer Leistung anspornen. Eingreifen müssen Sie allerdings immer dann, wenn Konflikte zu eskalieren drohen.

Mögliche Maßnahmen

Erste mögliche Maßnahmen können sein:

- Förderung der Kommunikation zwischen den Konfliktparteien („Konfrontationssitzungen"),

- Intensivierung der Kontakte, beispielsweise durch gemeinsame Seminare usw.,

- Hervorheben der gemeinsamen Ziele,

- Austausch von Mitgliedern der in Konflikt geratenen Gruppen (Job Rotation).

Konfliktlösungsmethoden

Je nach Eskalationsstufe des Konflikts werden die folgenden Methoden zur Lösung von Konflikten als zweckentsprechend angesehen:

- Moderation, indem ein neutraler Moderator versucht, die Probleme so zu strukturieren, dass für alle Beteiligten die Lösung als sinnvollste Variante gesehen wird;

- Prozessbegleitung, indem festgefahrene Situationen aufgelockert werden;

- Vermittlung, d. h. Suche nach einem Kompromiss, der die Interessen aller Beteiligten berücksichtigt. Ein echter Kompromiss tut allen Seiten weh, da alle Beteiligten Positionen aufgeben müssen;

- Schiedsverfahren durch externe Lösung des Problems. Der Schiedsrichter bildet sich ein eigenes Urteil, dieses wird (bereits im Vorfeld) durch alle Beteiligten akzeptiert;

- Machteingriff, d. h. autoritäre Maßnahmen gegen den Willen der Streitenden.

Moderne Managementmethoden – von Benchmarking bis Target Costing

Das Geschäft mit den Managementmethoden boomt. Alle bekannten Systeme vorzustellen ginge weit über den Rahmen dieses Buches hinaus. Freilich stellt nicht jede neue Bezeichnung auch wirklich etwas Neues dar. Aber das Beispiel einiger moderner Ansätze wird Sie gegebenenfalls anregen, sich mit dieser Problematik näher zu befassen.

Die bestehende Produktpalette ist vielfach ausgerichtet auf Märkte, die bisher ein hohes Wachstumspotenzial hatten, nun aber ausgereizt sind. Verbunden ist diese Konstellation häufig mit einem signifikanten Preisverfall der Produkte und der Notwendigkeit, dass sich steigende Forschungs- und Entwicklungskosten (F+E-Kosten) in immer kürzeren Perioden amortisieren müssen. Die Produktlebenszyklen verkürzen sich anhaltend.

Ausgangssituation

Wie wandeln sich dadurch die Aufgaben der Unternehmensführung?

Gewandelte Führungsaufgaben

- In einer ersten, klassischen Stufe ist das Ziel die Rationalisierung und das Suchen nach Kostenvorteilen.

- Die nächste Stufe besteht im Streben nach einer Verbesserung der Qualität der Prozesse. Das Streben nach Kostenvorteilen wandelt sich in das Erarbeiten von Vorteilen hinsichtlich Schnelligkeit und Effizienz.

- Darauf folgt als vorläufig letzte Stufe die vollständige Ausrichtung des Unternehmens auf den Markt und die Kunden. „Wettbewerbsvorteile durch Kundenorientierung" heißt das Schlagwort.

Mit welchen Methoden kann ein Unternehmen diesen Herausforderungen begegnen?

Manche Managementmethoden traten als Trendwellen in Deutschland auf und vergingen genauso schnell, wie sie seinerzeit aufgetaucht waren. Die Ursachen für diesen schnellen Wechsel können vielfältig sein. Aber viele Methoden sind inzwischen etabliert.

Verschiedene Bereiche

Wir wollen hier geordnet nach den Bereichen

- Strategiefindung,

- „Gesundschrumpfung",

- Vergleich mit anderen und ständige Verbesserung,

- Kostenorientierung und

- Kreativitätstechniken

beispielhaft einige Methoden bzw. Techniken vorstellen. Die Anwendung dieser Techniken ist ein iterativer Prozess. Um zu guten und anhaltenden Ergebnissen zu kommen, müssen die Aktivitäten in regelmäßigen Abständen wiederholt werden.

Strategiefindung: Die Portfolioanalyse

Lebenszyklus

Die Portfolioanalyse (siehe auch Kapitel „Marketing" ab Seite 56) beruht auf der Einteilung in strategische Geschäftseinheiten (SGEen) und dem Grundgedanken, dass jedes Produkt, jede Technologie oder jedes Geschäftsfeld einen bestimmten Lebenszyklus durchläuft, der wie folgt aussieht:

1. Entstehung des Produkts,

2. Wachstumsphase,

3. Reifephase

4. Sättigung.

Ausgehend von dieser Idee werden die einzelnen Produkte Feldern einer Matrix zugeordnet.

Entscheidend ist, nicht nur festzustellen, wo sich Ihr Unternehmen und seine Produkte gerade befinden, sondern aus dem Ist-Portfolio ein Soll-Portfolio zu entwickeln, also die strategische Richtung des Unternehmens festzulegen. Typische Fragen, die bei der Strategiefindung zu beantworten sind, wären beispielsweise: **Soll-Portfolio**

- Wie ist unsere Position im Wettbewerb?

- Wie tragen die einzelnen Produkte zum Ertrag des Unternehmens bei?

- Welche Produkte sind deshalb besonders zu fördern?

- Brauchen wir neue Produkte und gibt es Produkte, die eher ausgesondert werden sollten?

- Welche Investitionen sind mit dieser neuen Produktstrategie verbunden?

Das Unternehmen „gesundschrumpfen"

Das englische Wort „lean" bedeutet im Deutschen „schlank", aber auch „mager". Lean Management heißt demzufolge, das Unternehmen **Lean Management** zu verschlanken – aber bitte nicht bis zur Magersucht! Wo das optimale „Gewicht" eines Unternehmens liegt, ist (wie beim Menschen auch) von vielen Einzelfaktoren abhängig und kann nicht generell gesagt werden. Daraus folgt, dass nicht das „Schlanksein an sich" Ziel sein sollte, sondern die Orientierung und Ausrichtung des Unternehmens auf Kundenwünsche.

Mitarbeiter denken unternehmerisch

Ziel des Lean Managements ist, das unternehmerische Denken und Handeln aller Mitarbeiter zu fördern. Relativ kleine (teil-)autonome Gruppen mit hoher Motivation bilden die Basis für eine flache Hierarchie mit geringeren Aufwendungen für die Unternehmensführung. Durch verstärkte Delegation und Selbstorganisation wird

■ die Verantwortlichkeit der Mitarbeiter erhöht,

■ Bürokratie abgebaut und

■ die unternehmensinterne Kommunikation direkter.

Lean Management ist verbunden mit

■ einer kundenorientierten schlanken Fertigung,

■ verbessertem Qualitätsmanagement,

■ hohem Innovationstempo und

■ strategischem Kapitaleinsatz.

Business Reengineering

Business Reengineering bedeutet Unternehmensumbau, es ist damit ein Instrument zur Strukturoptimierung. Den Ausgangspunkt bildet eine klare Analyse und Definition der Kerngeschäfte. Worauf will das Unternehmen seine Kräfte lenken, auf welche Erfolgsfaktoren will es sich konzentrieren?

Optimale Koordination der Prozesse

Ziel des Business Reengineering ist es, alle im Unternehmen ablaufenden Prozesse optimal zu koordinieren. Nicht die bestehende Struktur, der bestehende Unternehmensaufbau und die üblichen Abläufe sollen feststehen, sondern allein der auf die Kerngeschäfte konzentrierte Unternehmensprozess. Dieser Prozess von der Lieferung der Produktionsfaktoren bis zum Verkauf an den Kunden soll durchgängig optimal strukturiert werden. Die Struktur des Unternehmens muss an den Wertschöpfungsprozess angepasst werden, nicht der Prozess an die Struktur! Das passende Schlagwort lautet: „Structure follows process". Im Endeffekt bedeutet dies: Es gilt nicht, überkommene Abläufe immer stärker zu automatisieren, sondern Arbeitsweisen neu zu konzipieren. Fragen Sie sich unbeirrt:

- Warum machen wir das überhaupt?

- Und warum machen wir es gerade so, wie wir es tun?

- Wer hat eigentlich etwas davon?

Vergleich mit anderen und ständige Verbesserung

Benchmarking ist ein Vergleichstest, um eigene Schwächen zu erkennen. Ursprünglich angewendet in der Softwareentwicklung, wobei die Leistungen unterschiedlicher Programme bei der Lösung einer komplexen Aufgabe gemessen wurden, hat sich Benchmarking inzwischen zu einer weit verbreiteten Managementtechnik gewandelt.

Benchmarking

Es gibt

- internes Benchmarking (zwischen Teilbereichen des Unternehmens) und

- externes Benchmarking (Vergleich mit anderen Unternehmen).

Internes und externes Benchmarking

Das externe Benchmarking kann man mit Unternehmen der gleichen Branche, aber auch mit branchenfremden Unternehmen durchführen.

Grundfragen   Die Grundfragen sind:

- Wie machen es die anderen?

- Warum machen sie es so?

- Welche Rahmenbedingungen haben sie?

Keine Werk-   Das Grundproblem des Benchmarking besteht wohl darin, an die ent-
spionage   sprechenden Daten anderer Unternehmen zu kommen. Was zunächst
wie ein unlösbares Problem aussieht, hat sich im Rahmen einer
„Benchmarking-Kultur" insbesondere in den USA insofern gelöst, als
auf dem Prinzip des Gebens und Nehmens ein Verhaltenskodex entwickelt wurde. Benchmarking ist demzufolge keine Werkspionage, sondern wird auf Vereinbarungsbasis zwischen Unternehmen durchgeführt. So wie man selbst behandelt werden möchte, behandelt man
seinen Benchmarking-Partner. Sensible Bereiche werden ausgeklam-
mert. Die Grundprämissen lauten:

Grund-   ■ Wir können von anderen lernen.
prämissen
■ Wir können alles noch weiter optimieren.

Kaizen   Der Grundgedanke des Kaizen ist eigentlich ganz einfach: Es gibt kein
Unternehmen ohne Probleme, demzufolge darf auch jeder Probleme
oder Fehler eingestehen.

EXPERTEN-TIPP: UMGANG MIT FEHLERN

Fragen Sie sich, wie Sie mit eigenen Fehlern und denen von Mitarbeitern umgehen:

- Gestehen Sie eigene Fehler unumwunden ein oder befürchten Sie, dadurch an Glaubwürdigkeit zu verlieren?

- Sehen Sie in einem Mitarbeiter, der eingesteht, in bestimmten Bereichen Probleme zu haben, eher ein Risiko oder versuchen Sie, im Sinne des Unternehmens diese Probleme gemeinsam anzugehen?

Bedenken Sie: Dadurch, dass Probleme oder Fehler nicht angesprochen werden, verschwinden sie nicht!

Kaizen ist ein System ununterbrochener Verbesserung. Und diese Verbesserung ist Angelegenheit aller Mitarbeiter. Auf diese Weise werden Kreativitätspotenziale ausgeschöpft. Die Initiative geht von der Gruppe oder dem einzelnen Mitarbeiter aus, es bedarf keines Anstoßes von außen.

Im Prinzip widerspricht Kaizen dem bei uns üblichen und auch beschriebenen System des „Planen – Entscheiden – Anordnen – Kontrollieren". Nicht umsonst kommt das Prinzip des Kaizen (= Veränderung zum Besseren) aus Japan, wo die gruppenorientierte Denkweise wesentlich ausgeprägter ist als in Mitteleuropa.

Gruppenorientiertes Denken

Bedenken Sie: Es ist besser, 100 Mann gehen einen Schritt voran, als ein einsamer Führer geht 100 Schritte voran.

Kostenorientierung: das Target Costing

Das Prinzip des Target Costing ist nicht neu, als Zielkostenmanagement ist es schon länger bekannt.

Da das Target Costing eine Methode der Kostenrechnung ist, gehen wir in diesem Abschnitt ausführlicher darauf ein (vgl. S. 209).

Kreativitätstechniken

Kreativitätstechniken sollen, wie der Name schon sagt, schlummernde Kreativitätspotenziale wecken. Häufig gibt es Hemmnisse (und Hemmungen), seiner eigenen Kreativität freien Lauf zu lassen. Um diese Hemmnisse abzubauen, werden Techniken wie

- das Brainstorming,

- die morphologische Methode oder

- die Methode 653

angewandt. Eine Verbindung zur Psychologie ist dabei nicht zu verhehlen. Es ginge über den Grundgedanken dieses Buches hinaus, wollten wir diese Techniken einzeln vorstellen. Interessenten seien auf die einschlägige Literatur verwiesen.

Marketing: Wie kommt das Produkt zum Kunden?

PRAXIS-BEISPIEL: NEUES PRODUKT

Die Milch-AG hat nach jahrelanger Forschung und Entwicklung einen Joghurt mit völlig neuen Eigenschaften zur Produktreife gebracht. Die ersten Testreihen verliefen positiv, der Joghurt soll produziert werden. Stefan Schmidt, Ingenieur und seit kurzem im Unternehmen, wird beauftragt, ein geeignetes Marketingkonzept zu überlegen.

Durch den Wandel vom Verkäufer- zum Käufermarkt bestimmt die Entscheidung der Abnehmer maßgeblich über den Erfolg eines Produkts. Der Anbieter muss alles tun, um die Aufmerksamkeit auf seine Produkte zu lenken. Die Marktorientierung wird zum entscheidenden Wettbewerbsfaktor, das Unternehmen muss „vom Markt her" geführt werden.

Unternehmensführung „vom Markt her"

Unter Marketing versteht man die Ausrichtung aller Unternehmensentscheidungen auf die Erfordernisse des Marktes. Aufgabe des Marketing ist es, Marktorientierung effektiv umzusetzen. Das bedeutet, bestehende Absatzmärkte und ihre Möglichkeiten zu erforschen und neue Absatzmärkte ausfindig zu machen – vor Produktionsbeginn.

Begriff des Marketing

Die Bedürfnisse des Kunden und seine Kaufentscheidungen müssen in den Mittelpunkt der Betrachtung gestellt werden. „Wer soll der Abnehmer sein?" – das ist die entscheidende Frage. Hierzu ist es jedoch zunächst notwendig zu wissen, was man verkaufen will.

Kunde im Mittelpunkt

Wie sich Produkte unterscheiden

Für eine sinnvolle Marketingplanung ist es wichtig, die unterschiedlichen Produktarten und ihre speziellen Absatzprobleme zu kennen.

Produktarten Die Produktarten gliedern sich in

- Konsumgüter

- Investitionsgüter und

- Dienstleistungen.

Was kennzeichnet Konsumgüter?

Definition Unter Konsumgütern versteht man Güter, die der Befriedigung der Bedürfnisse der Konsumenten dienen.

Ca. 80–90 Prozent des Bruttosozialprodukts bestehen aus Konsum. Der Konsumgütermarkt befriedigt die Bedürfnisse der privaten Haushalte bzw. der Verbraucher.

Langlebige und kurzlebige Konsumgüter Konsumgüter sind, wie ihre Bezeichnung verrät, zum Verbrauch bestimmt. Man unterscheidet langlebige und kurzlebige Konsumgüter. Schokolade ist beispielsweise ein kurzlebiges, die Waschmaschine in einem Privathaushalt ein langlebiges Konsumgut.

Folgende Besonderheiten sind für das Marketing zu berücksichtigen:

- Der Bedarf entsteht beim Verbraucher.

- Die Zahl der potenziellen Käufer (Bedarfsträger) ist groß.

- Die Kaufentscheidung wird in der Regel durch den Verbraucher individuell gefällt.

- Der Vertriebsweg ist mehrstufig und somit indirekt.

Was kennzeichnet Investitionsgüter?

Investitionsgüter sind Güter, die für einen möglichst langen Einsatz im Produktionsprozess bestimmt sind, etwa Maschinen und Rohstoffe. **Definition**

Auf dem Investitionsgütermarkt treten Unternehmen und Organisationen als Kunden auf. Entsprechend sind die betrieblichen Beschaffungsprozesse stärker geplant als auf dem Konsumgütermarkt.

Folgende Besonderheiten sind für das Marketing zu berücksichtigen:

- Die Käufer sind zwar zahlenmäßig geringer, wirtschaftlich jedoch stärker.
- Die Nachfrage ist spezialisierter.
- Die Nachfrage ist vom Konsumgütermarkt abgeleitet.
- Kaufentscheidungen sind in einem höheren Maße geplant und rational.
- Kaufentscheidungen sind stärker von Gruppenentscheidungen abhängig und dauern damit länger.
- Die Märkte sind stärker international ausgerichtet.
- Beim Einsatz der Marketinginstrumente werden in der Regel Schwerpunkte gesetzt.

Was kennzeichnet Dienstleistungen?

Unter Dienstleistungen versteht man immaterielle Güter, die der Bedürfnisbefriedigung dienen. **Definition**

Es handelt sich dabei um Tätigkeiten, die Dritten angeboten werden. Sie führen zu keiner direkten Änderung der Besitz- oder Eigentumsverhältnisse. Die Leistungen eines Rechtsanwalts zählen beispielsweise zu den Dienstleistungen. Dienstleistungen können aber mit einem materiellen Produkt verbunden sein (z. B. Mittagessen in einem Restaurant). Der Umfang an Dienstleistungen nimmt in unserer Gesellschaft stetig zu.

Folgende Besonderheiten sind für das Marketing zu berücksichtigen:

- Dienstleistungen sind stets an eine bestimmte Zeit, an eine bestimmte Person/Gruppe und an einen bestimmten Ort gebunden.
- Dienstleistungen sind immateriell, also nicht lagerfähig.
- Dienstleistungen sind oftmals einmalig.
- Der Kunde ist häufig an der Leistungserstellung beteiligt.
- Es bestehen direkte und intensive Kontakte zwischen Anbieter und Kunden.
- Die Qualität ist in hohem Maße vom Anbieter abhängig und somit schwer standardisierbar.

Wenn in den folgenden Ausführungen von Produkten die Rede ist, bezieht sich dies auf alle vorgenannten Produktarten, also auf Konsum- und Investitionsgüter ebenso wie auf Dienstleistungen. Sollten die Produkte nur einer Produktart gemeint sein, wird dies eigens hervorgehoben.

Wie sollten Sie bei der Entwicklung Ihres Marketingkonzepts vorgehen?

Um ein sinnvolles und in sich stimmiges Konzept zu erarbeiten, sollten Sie in folgenden Schritten vorgehen:

TO DO: MARKETINGKONZEPT

- Analysieren Sie zunächst die Ausgangssituation am Markt.

- Analysieren Sie die Stärken und Schwächen Ihres Unternehmens.

- Formulieren Sie die Marketingziele Ihres Unternehmens.

- Formulieren Sie die Eckpunkte Ihres strategischen Marketing. (Welches langfristige Ziel verfolgt Ihr Unternehmen?)

- Prüfen Sie die Marketinginstrumente und legen Sie Ihren individuellen Marketing-Mix fest.

Die Ausgangssituation am Markt

Um Ihr Marketingkonzept zu entwickeln, müssen Sie Marktforschung betreiben, das heißt systematisch Informationen über den für Ihr Unternehmen infrage kommenden Markt und seine Segmente sammeln und analysieren. Die Marktforschung bildet die Basis für Planung, Einsatz und Kontrolle der Marketingmaßnahmen. *Markt-forschung*

Die folgende Checkliste soll Ihnen bei der Analyse der Marktsituation behilflich sein. Selbstverständlich können Sie sie beliebig nach den individuellen Gegebenheiten Ihres Marktes ergänzen bzw. modifizieren. Zu diesem Zweck finden Sie sie auch auf Ihrer CD-ROM.

CHECKLISTE: ANALYSE DER MARKTSITUATION

Frage	Bemerkung
Welche Kunden wollen Sie mit Ihren Produkten ansprechen?	
Wie ist die Situation Ihrer (potenziellen) Kunden (z. B. Alter, Einkommen, Wohnort, Motivation)?	
Welche Produkteigenschaften sind den Käufern besonders wichtig?	
Wie ist der Markt, auf dem Ihr Unternehmen tätig ist, abzugrenzen?	
Wie stark ist der Wettbewerb am Markt und welche Konkurrenten sind am Markt tätig?	
Wie stark ist die Position der Konkurrenten am Markt?	
Wie häufig treten neue Konkurrenten am Markt auf und scheiden bisherige Konkurrenten aus?	
Wie lässt sich der Handel auf dem Markt charakterisieren (z. B. organisierter/nicht organisierter Handel, welche Betriebsformen und -größe)?	
Wann, wie häufig und wie regelmäßig werden Bestellungen aufgegeben?	
Wie sieht das Einkaufsverhalten der Händler aus?	

Analysieren Sie die Stärken und Schwächen Ihres Unternehmens

Um erfolgreich auf dem Markt agieren zu können, ist es wichtig, nach der Marktanalyse nun Ihr eigenes Unternehmen genau zu untersuchen. Überprüfen Sie die Stärken und Schwächen Ihres Unternehmens. Die gezielte Analyse folgender Fähigkeiten wird Ihnen dabei helfen:

- finanzielle Fähigkeiten (hier können Ihnen Informationen aus Ihrem Rechnungswesen helfen),

  Finanzen

- organisatorische Fähigkeiten (z. B. Aufbauorganisation, Schnittstellenmanagement),

  Organisation

- technologische Fähigkeiten (z. B. fachliches Know-how der Mitarbeiter).

  Technologien

Stellen Sie Ihre Fähigkeiten den ausschlaggebenden Anforderungen des Marktes gegenüber. Durch Vergleich mit Ihrem Hauptkonkurrenten können Sie schnell erkennen, in welchen Bereichen Sie Handlungsbedarf haben.

PRAXIS-BEISPIEL: STARKE KONKURRENZ

Vor einigen Monaten hat der Konkurrent der Milch-AG, die Butter-AG, bereits sehr erfolgreich einen neuen Joghurt auf dem Markt platziert. Bei seiner Analyse stellt Herr Schmidt fest, dass dies insbesondere auf den engen Kontakt des Vertriebs zum Handel zurückzuführen ist.

Formulieren Sie Ihre Marketingziele

Nachdem Sie nun die Marktgegebenheiten und die Stärken und Schwächen Ihres Unternehmens kennen, können Sie Ihre Marketingziele formulieren. Marketingziele beziehen sich normalerweise auf Zielgruppen, Produkte, (geografische) Märkte, Umsätze oder Marktanteile.

Basis: langfristige Unternehmensziele

Die Basis hierzu liefern die langfristigen Unternehmensziele (s. auch Kapitel 2 ab Seite **Fehler! Textmarke nicht definiert.**). Achten Sie darauf, dass Sie die Ziele so formulieren, dass sie sich sowohl als Planungsvorgaben als auch als Kontrollmaßstab eignen, also operationalisierbar sind. Legen Sie die Ziele dabei immer nach ihrem Inhalt, nach dem Ausmaß des Angestrebten sowie nach dem geplanten Zeitraum fest. Um später den Grad des Erfolgs einschätzen zu können, sollten Sie Teilziele festhalten. Achten Sie darauf, dass diese sich möglichst nicht widersprechen.

Formulieren Sie Ihre Marketingstrategie

Sie haben nun bereits einen Überblick über die aktuelle Situation am Markt und in Ihrem Unternehmen. Und Sie haben für Ihr Unternehmen Marketingziele gesetzt. Entwickeln Sie nun eine Strategie, wie Sie Ihre Ziele erreichen können.

Wie Ihnen die Portfolioanalyse helfen kann

SGEen: homogene Produkt-Markt-Kombination

Es gibt eine Vielzahl von Instrumenten, mit denen Sie die Strategie entwickeln können. Eine in der Praxis sehr häufig angewandte ist die Portfolioanalyse. Sie fasst das Unternehmen als die Summe von strategischen Geschäftseinheiten (SGEen) auf und reduziert damit die oftmals sehr komplizierten wirtschaftlichen Beziehungen und Zusammenhänge auf die Betrachtung von zwei wichtigen Kernelementen, nämlich Produkt und Markt. Eine solchermaßen fokussierte Analyse erleichtert es für jede SGE, eine eigene strategische Planung durchzuführen.

Unter einer SGE versteht man eine in sich geschlossene (= homogene) Produkt-Markt-Kombination, die auf ein bestimmtes Marktsegment ausgerichtet ist, von anderen Geschäftseinheiten unabhängig agieren kann und über ein ausreichendes Marktpotenzial verfügt. Für ein Unternehmen auf dem Markt für Unterhaltungselektronik beispielsweise stellt der inländische Fernsehmarkt eine strategische Geschäftseinheit dar.

Marktwachstum-Marktanteil-Portfolio

Bei der Portfolioanalyse sind in der Praxis verschiedene Konzepte verbreitet, von denen wir Ihnen das Marktwachstum-Marktanteil-Portfolio vorstellen wollen (vgl. auch den Abschnitt „Unternehmensführung").

Vierfeldmatrix

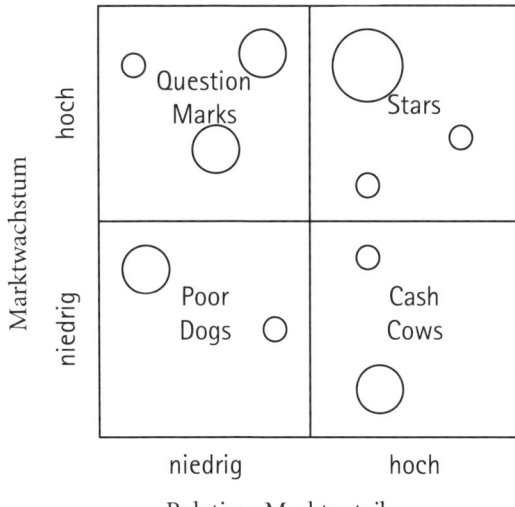

In einer Vierfeldmatrix werden hier anhand des Verhältnisses der Kategorien „relativer Marktanteil" und „Marktwachstum" die SGEen abgebildet. Diese Kategorien sind wie folgt definiert:

$$\text{Relativer Marktanteil} = \frac{\text{Marktanteil des Unternehmens} \times 100}{\text{Marktanteil des Marktführers}}$$

$$\text{Marktwachstum} = \frac{\text{Marktvolumen im Planungszeitraum} \times 100}{\text{Marktvolumen im Vorjahr}}$$

 EXPERTEN-TIPP: TREND ERKENNEN

Häufig kann das Marktwachstum nicht exakt ermittelt werden; entscheidend ist, dass Sie den Trend erkennen.

Strategische Geschäftsfelder

Die Kategorien werden einander gegenübergestellt. Durch die Unterteilung in „hoch" und „niedrig" entstehen vier strategische Geschäftsfelder, denen Sie die SGEen Ihres Unternehmens zuordnen können. Es ist hilfreich, die Bedeutung der einzelnen SGEen für Ihr Unternehmen durch größere oder kleinere Kreise (z. B. gemessen am Deckungsbeitrag) zu veranschaulichen.

Was sagen die strategischen Geschäftsfelder aus?

Stars

- Stars (Sterne) sind SGEen mit einem hohen Marktanteil auf einem stark wachsenden Markt. Ihre Gewinne sollten Sie zur Sicherung und Verbesserung der aktuellen Marktposition investieren.

Cash Cows

- Cash Cows (Melkkühe) zeichnen sich durch einen hohen Marktanteil auf relativ unattraktiven Märkten aus. Die SGEen sind zwar produktiv, der Markt besitzt jedoch keine große Zukunft. Insofern sollten Sie diese Gewinne zur Investition in attraktivere SGEen nutzen.

- Question Marks (Fragezeichen) sind SGEen, die sich in attraktiven Märkten befinden, deren Marktanteil jedoch gering ist. Analysieren Sie für jede SGE, inwiefern ihre Markstellung durch Investitionen gestärkt werden kann. Aber aufpassen: Da die eigene Position schwach ist, ist die Investition riskanter als bei den Stars.

Question Marks

- Poor Dogs (arme Hunde) besitzen einen niedrigen Marktanteil auf unatttraktiven Märkten. Die Stellung dieser SGEen könnten nur mit hohen und riskanten Investitionen verbessert werden. Sie sollten prüfen, ob eine Desinvestition vorteilhaft wäre.

Poor Dogs

Empirisch wurde festgestellt, dass es eine gesunde Mischung zwischen den einzelnen strategischen Geschäftsfeldern geben sollte:

Question Marks	ca. 10–20 Prozent	Prozentuale
Stars	ca. 30–40 Prozent	Verteilung
Cash Cows	ca. 30–40 Prozent	
Poor Dogs	ca. 10–20 Prozent	

Dahinter steht der Gedanke, dass Sie gewinnträchtige Produkte ohne große weitere Entwicklungsmöglichkeiten benötigen, um aus Question Marks Stars zu entwickeln, und es andererseits auch eine gewisse Zeit braucht, bis Sie Poor Dogs aus Ihrem Sortiment entfernen können.

Die operativen Marketinginstrumente

Nachdem Sie Ihre Marketingstrategie festgelegt haben, müssen Sie nun versuchen, den Weg zum Käufer zu finden. Hierzu können Sie sich verschiedener Instrumente aus den Bereichen

- Produktpolitik,

- Konditionenpolitik,

- Distributionspolitik und

- Kommunikationspolitik

bedienen.

Marketing-Mix Stimmen Sie die ausgewählten Instrumente aufeinander ab und kombinieren Sie sie so, dass die Marketingstrategie bestmöglich umgesetzt wird. Durch eine geeignete Auswahl der Instrumente, den sogenannten Marketing-Mix, können Sie den Markt aktiv beeinflussen.

Produktpolitik: Ihr Produkt arrangieren

Definition Unter Produktpolitik versteht man die art- und mengenbezogene Gestaltung des Absatzprogramms eines Unternehmens inkl. der damit angebotenen Zusatzleistungen.

Die Produktpolitik legt fest,

- welche Produkte vom Unternehmen

- in welchen Mengen und

- mit welchen Zusatzleistungen

auf dem Markt angeboten werden sollen. Dies betrifft nicht nur die bereits vorhandenen Produkte, sondern auch die sich noch in der Entwicklung befindlichen.

Die Hürden des Marktes überwinden Selbstverständlich hängt die Gestaltung der Produktpolitik stark von den charakteristischen Merkmalen des jeweiligen Produkts ab. Ziel ist es, mit einem attraktiven Absatzprogramm die Hürden des Marktes zu überwinden, wobei eventuelle

- gesetzliche (z. B. Patentrecht, Lebensmittelkennzeichnungsverordnung),

- wirtschaftliche (z. B. finanzielle Beschränkungen),

- technische (fehlendes Know-how) sowie

- gesellschaftspolitische (z. B. Forderung nach mehr Umweltschutz)

Grenzen beachtet werden müssen.

Die Bereiche der Produktpolitik

Die Produktpolitik umfasst folgende Bereiche:

- Das Produktprogramm, das bei Handelsunternehmen auch Sortiment genannt wird, legt fest, welche Produkte von einem Unternehmen a<ngeboten werden sollen. Wichtige Faktoren sind hier
  - zum einen die Programmbreite, die die Anzahl der angebotenen Produkte beschreibt, und
  - zum anderen die Programmtiefe, die die Menge der Ausführungen einer Produktart (z. B. verschiedene Schokoladensorten) angibt.

  Produkt-programm

- Die Produktgestaltung schließt die Produktqualität und das Produktäußere ein.
  - Unter Produktqualität versteht man die technisch-konstruktiven Eigenschaften eines Produkts, die den Grundnutzen des Käufers befriedigen, z. B. Gebrauchstüchtigkeit oder Haltbarkeit.
  - Mit dem Produktäußeren werden im Wesentlichen das Design, die Verpackung sowie die Markierung des Produkts beschrieben.

  Produkt-gestaltung

Mit diesen Mitteln wird versucht, einen Zusatznutzen des Produkts zu vermitteln, was auf die sozial-psychologische Dimension der Produktqualität verweist. Denn vielfach wird angenommen, dass Produkte nur dann erfolgreich sind, wenn sie eine eindeutige Markierung besitzen, also einen hohen Bekanntheitsgrad haben und auf dem jeweiligen Markt weit verbreitet sind.

No-Name-Produkte

Diesen Markenartikeln stehen jedoch zunehmend No-Name-Produkte gegenüber. Diese zeichnen sich insbesondere durch eine einfache Aufmachung sowie einen vergleichsweise geringen Preis aus. Der Produzent wird auf diesen Artikeln oftmals nicht angegeben. Dennoch kann man nicht von anonymen Produkten sprechen, da häufig das Produktäußere der No-Name-Produkte einheitlich ist und dadurch ein gewisses Markenimage geschaffen wird.

 CHECKLISTE: PRODUKTPOLITIK

Frage	Bemerkung
Welche Produkte umfasst Ihr Leistungsprogramm? Wie heben sie sich von denen Ihrer Konkurrenten ab?	
Welche Zusatzleistungen bieten Sie an? Wie heben sie sich von denen Ihrer Konkurrenten ab?	
Welche Qualität weisen Ihre Produkte auf? Wie heben sie sich hierbei auf dem Markt ab?	
Bestehen rechtliche, technische, wirtschaftliche oder gesellschaftspolitische Beschränkungen für Ihre Produkte?	
Welchen Zusatznutzen sollen Ihre Produkte über ihr Produktäußeres vermitteln?	
Welche neuen Produkte planen Sie? Wie passen sie in Ihr Leistungsprogramm?	

Selbstverständlich finden Sie auch diese Checkliste auf Ihrer CD-ROM, sodass Sie sie bequem in Ihrer Textverarbeitung bearbeiten bzw. über Ihren Drucker ausdrucken können.

Konditionenpolitik – die Preise anpacken

Unter Konditionenpolitik versteht man die Gesamtheit aller Entschei- Definition
dungen, die die Produktpreise sowie die damit verbundenen Bezugs-
bedingungen betreffen.

Damit hat sie unmittelbare Auswirkungen auf den Unternehmensgewinn und indirekt auch auf zukünftige Marketingmaßnahmen. Die
Konditionenpolitik umfasst

- die Preispolitik,

- die Rabattpolitik,

- die Kreditpolitik und

- die Liefer- und Zahlungsbedingungen.

Zunächst ist der Angebotspreis eines Produkts festzulegen. Diese Preispolitik
Preisfestlegung steht im Spannungsfeld zwischen den Käufern, den
Kosten und der Konkurrenz. Der Preis wird erstmalig festgelegt, wenn
das Produkt auf den Markt kommt, und sollte im Verlauf der Zeit an
die Markt- und Kostenentwicklung angepasst werden.

Rabatte sind Preisnachlässe, die ein Unternehmen dem Abnehmer Rabattpolitik
gewährt. Sie ändern zwar nicht den Angebotspreis, wohl aber den
vom Abnehmer effektiv zu zahlenden Preis. Die Rabattpolitik ermöglicht Ihrem Unternehmen also, auf individuelle Situationen Ihres Kunden einzugehen. Durch Rabatte können Sie daher nicht nur die Kun-
dentreue erhöhen, sondern auch das Unternehmensimage sichern und
den Umsatz steigern.

PRAXIS-BEISPIEL: MENGENRABATT

Der Copyshop „Copy-Fix" bietet die Kopie grundsätzlich für € 0,05 an. Ab einer Kopiemenge von 300 Stück kostet eine Kopie aber nur noch € 0,04.

Kreditpolitik

Ziel der Kreditpolitik ist die Absatzförderung entweder durch Erhöhung der Kaufsumme oder durch die Gewinnung von Neukunden. Ausschlaggebend ist, inwiefern Abnehmer durch Einräumung eines Kredits zu einem Produktkauf bewegt werden können, den sie ohne diesen Kredit nicht getätigt hätten. Im Wesentlichen gibt es folgende Kreditformen:

Kreditformen

- Lieferantenkredit: Der Käufer bezahlt das Produkt erst zu einem späteren Zeitpunkt.

- Teilzahlungskredit: Dem Abnehmer wird die Zahlung in mehreren Raten gewährt.

- Leasing: Das Investitions- oder Konsumgut wird dem Abnehmer gegen eine mietähnliche Zahlung zur Nutzung überlassen.

Liefer-bedingungen

Lieferbedingungen sind vertragliche Vereinbarungen, mit denen der Umfang und die Bedingungen der Lieferverpflichtungen des Verkäufers festgelegt werden. Dabei sind gesetzliche Regelungen (z. B. Gesetz der Regelung des Rechts der Allgemeinen Geschäftsbedingungen) zu berücksichtigen.

Zahlungs-bedingungen

Zahlungsbedingungen regeln die Zahlungsverpflichtungen des Abnehmers und die Leistungserfüllung durch den Verkäufer.

CHECKLISTE: LIEFER- UND ZAHLUNGSBEDINGUNGEN

Frage	ja	nein
Haben Sie Ort und Zeit der Warenübergabe vereinbart?	✓	
Ist das Umtauschrecht festgelegt?		
Sind Konventionalstrafen bei verspäteter Lieferung festgelegt?		
Haben Sie die Fracht- und Versicherungskosten berücksichtigt?		
Wurden bei der Lieferung Mindestmengen und Mindestmengenzuschläge vereinbart?		
Haben Sie die Zahlungsweise und -abwicklung abgesprochen?		
Haben Sie Zahlungsfristen vereinbart?		
Haben Sie Skonti bei kurzfristiger Zahlung vereinbart?		

Diese Checkliste zu den Liefer- und Zahlungsbedingungen finden Sie ebenso wie die folgende Checkliste zur Konditionenpolitik auf Ihrer CD-ROM, sodass Sie sie in beliebiger Anzahl für sich ausdrucken oder gegebenenfalls auch in Ihrer Textverarbeitung modifizieren können.

CHECKLISTE: KONDITIONENPOLITIK

Frage	Bemerkungen
Werden die Produkte und ihre Vorteile beworben?	
Haben Sie Ihre Käufergruppen analysiert?	
Welchen Kundennutzen soll das Produkt Ihres Unternehmens bringen?	
Wie hoch könnte die Preisbereitschaft der Käufer bei diesem Kundennutzen liegen?	
Liegt der Preis Ihres Produkts im Durchschnitt über den Produktkosten?	
Welche Rabatte wollen/können Sie gewähren?	
Welche Möglichkeiten der Kreditpolitik können Sie berücksichtigen?	
Wie sehen Ihre Konditionen im Vergleich zu Ihren Konkurrenten aus?	

Distributionspolitik – die Absatzwege gestalten

Definition   Unter Distributionspolitik versteht man die Gestaltung und Steuerung der Überführung eines Produkts vom Ort seiner Entstehung zum Bedarfsträger.

Der Weg zum Käufer   Grundsätzlich ist das Unternehmen in der Wahl seiner Distributionspolitik frei, doch sind hierbei einige Punkte zu beachten:

- Es können Belieferungsbeschränkungen für das Produkt bestehen (z. B. Waffen, Arzneimittel).

- Es können Begrenzungen der zeitlichen Erbringung von Distributionsleistungen bestehen (z. B. Ladenschlussgesetz, Gesetz gegen den unlauteren Wettbewerb).

- Der Hersteller kann eine Vertriebsbindung aushandeln, mit der er den Wiederverkäufer verpflichtet, die Produkte nur an vereinbarte Abnehmer zu veräußern (z. B. Fachgeschäfte).

- Wird eine Ausschließlichkeitsbindung vereinbart, besitzt der Hersteller eine Alleinstellung im Sortiment des Wiederverkäufers.

Für den Absatz seiner Produkte kann ein Produzent verschiedene Absatzwege nutzen. Bei der Entscheidung spielt die Anzahl der zwischen dem Produzenten und dem Endverbraucher eingeschalteten Zwischenhändler, also die Anzahl der Handelsstufen, eine wesentliche Rolle. Es wird dabei zwischen direkten und indirekten Absatzwegen unterschieden.

Absatzwege

Eine spezielle Form des Absatzes, die in den letzten Jahren stark an Bedeutung gewonnen hat, ist das Franchising.

Direkte Absatzwege

Auf dem direkten Absatzweg tritt der Produzent als unmittelbarer Verkäufer gegenüber dem Endverbraucher auf.

- Vorteile des direkten Absatzweges liegen insbesondere in der größeren Absatzkontrolle und der Nähe zum Endverbraucher.

Vor- und Nachteile

- Diesen stehen Nachteile wie höhere Logistikkosten und größere Konjunkturabhängigkeit gegenüber.

Die Absatzorgane können vom Produzenten selbst stammen oder unternehmensfremd sein.

PRAXIS-BEISPIEL: ABSATZORGANE

Die Geschäftsleitung eines Unternehmens etwa ist ein unternehmenseigenes Absatzorgan im Gegensatz zum Kommissionär, der ein unternehmensfremdes Absatzorgan darstellt.

Indirekte Absatzwege

Absatzmittler

Die indirekten Absatzwege zeichnen sich dadurch aus, dass mindestens ein Absatzmittler (Händler) zwischen Produzent und Endverbraucher eingeschaltet wird. Der Absatzmittler übernimmt eine wichtige Funktion innerhalb der Absatzkette, überwindet er doch die geografische und zeitliche Distanz zwischen dem Hersteller und dem Endverbraucher. Weiterhin kann er durch sein Sortiment das Angebot quantitativ und qualitativ auf die jeweiligen Käufergruppen abstimmen, was bei den direkten Absatzwegen zu erhöhtem Kostenaufwand beim Hersteller führen würde.

Groß- und Einzelhandel

Beim Handel unterscheidet man zwischen

- dem Groß- und

- dem Einzelhandel.

Während der Großhändler die Waren nur an bestimmte Käufergruppen veräußert (Wiederverkäufer, Weiterverarbeiter oder Großabnehmer), bietet der Einzelhändler sie jedem an.

PRAXIS-BEISPIEL: GROß- UND EINZELHÄNDLER

Als typischer Einzelhändler großen Stils kann etwa Aldi, als typischer Großhändler Metro genannt werden.

Die Entscheidung, ob die direkten oder indirekten Absatzwege günstiger sind, hängt von verschiedenen Faktoren ab, z. B.

- von der Haltbarkeit des Produkts (verderblich oder nicht verderblich),

- von der Anzahl der Endverbraucher,

- vom Verkaufsprogramm oder

- von der Konkurrenz.

Entscheidungsfaktoren

Der direkte Absatzweg wird insbesondere im Investitionsgütermarkt genutzt. Im Konsumgüterbereich findet man diese Absatzform etwa in Form von Fabrikläden.

Franchising als ein spezieller Absatzweg

Unter Franchising versteht man die Kooperation zwischen zwei rechtlich selbstständigen Unternehmen.

Definition

Der Franchise-Nehmer erhält vom Franchise-Geber gegen Entgelt, das neben einer Einmalzahlung auch regelmäßig wiederkehrende, meist umsatzabhängige Zahlungen (Royalties) umfasst, die Lizenz, ein bestimmtes Sortiment zu vertreiben. Je nach Vertragsgestaltung umfasst diese Lizenz die Verwendung von

Umfang
der Lizenz

- Handelsnamen,

- Warenzeichen,

- Ladenausstattung,

- Unterstützung durch Verkaufsförderungsmaßnahmen,

- Personalschulung und

- Methoden der Geschäftsführung.

Beim Franchising erfolgt der Vertrieb also auf indirektem Wege über rechtlich selbstständige Absatzmittler, die jedoch vertraglich an die Produzenten gebunden sind.

Vorteile für
Franchise-
Geber

Vorteile für den Franchise-Geber sind besonders:

- schnelle Expansion bei geringem Kapitaleinsatz,

- höhere Motivation durch selbstständige Unternehmer,

- lokales Know-how der Franchise-Nehmer,

Vorteile für
Franchise-
Nehmer

Vorteile für den Franchise-Nehmer sind vor allem:

- Verminderung des Unternehmerrisikos,

- Unabhängigkeit,

- schnelles Gewinnen von Know-how (Führung, Marketing).

Ein typisches Franchise-Unternehmen ist etwa McDonald's.

Kommunikationspolitik – die Sprache der Käufer finden

Definition

Unter Kommunikationspolitik versteht man die bewusste Gestaltung der Beziehung zur Unternehmensumwelt.

Kunden
beeinflussen

Da Produkte umso besser verkauft werden, je mehr sie dem Konsumenten bekannt sind, ist es das Ziel der Kommunikationspolitik, durch Information über die Produkte und das Unternehmen die Einstellungen, Meinungen und Verhaltensweisen der bestehenden und potenziellen Kunden sowie der allgemeinen Öffentlichkeit zu beeinflussen. Treten Sie also in Kontakt mit Ihren Zielgruppen und kommunizieren Sie mit ihnen. Zeigen Sie, warum Sie die besseren Produkte haben.

Bei der Kommunikationspolitik werden klassische und moderne Instrumente unterschieden.

Klassisch und modern

Klassische Instrumente

Klassische Instrumente der Kommunikationspolitik sind:

- Mediawerbung,

- Verkaufsförderung,

- Direktwerbung und

- Öffentlichkeitsarbeit.

Die Mediawerbung ist der bewusste Versuch, Menschen durch den Einsatz bestimmter Kommunikationsmittel zu einem Verhalten zu bewegen, das den Absatz eines Unternehmens fördert (z. B. Fernsehspots, Anzeigen, Werbeplakate). Die Werbung richtet sich hauptsächlich an den Endverbraucher und darf nicht gegen die Grundsätze des lauteren Wettbewerbs verstoßen (insbesondere durch Täuschung und Irreführung).

Mediawerbung

Die Verkaufsförderung (Sales Promotion) ergänzt die Werbung durch informierende und motivierende Maßnahmen. Sie versucht, kurzfristige Anreize zu schaffen (z. B. Probiertische, Beigaben, Schaufenstergestaltung). Dabei kann sich die Verkaufsförderung sowohl

Verkaufsförderung

- an den Endverbraucher (Verbraucherpromotion, z. B. durch Proben, Zugaben, Gewinnspiele) als auch

- an den Handel (Händlerpromotion, z. B. mittels Händlerpreisausschreiben, Displays, Händlerschulung) oder auch

- an den eigenen Verkaufsbereich (Verkaufspromotion, z. B. mit Schulung, Prämien, Preislisten)

richten.

Direktwerbung Die Direktwerbung richtet sich unmittelbar an den Endverbraucher und ist bestrebt, durch den direkten Kontakt dessen Kaufentscheidung zu beeinflussen. Dies kann über sämtliche (moderne) Kommunikationsmittel geschehen, z. B. über Telefon, Telefax oder E-Mail. Erfolgt sie über die Post, so kann sie etwa als anonyme Postwurfsendung oder persönlich adressierter Katalog auftreten.

Öffentlich-keitsarbeit Die Öffentlichkeitsarbeit (Public Relations) ist nicht produkt-, sondern unternehmensbezogen. Ziel ist, ein gutes Unternehmensimage in der Öffentlichkeit aufzubauen. Typische Instrumente der Öffentlichkeitsarbeit sind

- Pressekonferenzen,

- Pressemitteilungen und

- Betriebsbesichtigungen.

Moderne Instrumente: Werbung below the line

Der Begriff „Werbung below the line" sammelt alle neueren Entwicklungen in der Werbung, die in den letzten Jahren zunehmend an Bedeutung gewonnen haben:

Product Placement ■ Beim Product Placement werden Produkte oder Unternehmen als Requisiten in Medien (z. B. Filmen, Reportagen) eingesetzt.

Sponsoring ■ Beim Sponsoring stellt eine Person oder Personengruppe (Sponsor) Geld- oder Sachmittel für eine Person oder eine Institution zur

Verfügung. Im Gegenzug erhält er hierfür das Recht auf bestimmte kommunikationspolitische Gegenleistung (z. B. Werbeaufdruck auf Sportbekleidung von Fußballvereinen).

- Gegenstand des Event-Marketing ist die organisierte unternehmens- oder produktbezogene Veranstaltung. Sie ist häufig mit Shows oder Auftritten von Künstlern kombiniert und soll die Teilnehmer emotional stärker an das Produkt oder das Unternehmen binden.

Event-Marketing

- Beim Licensing steht der sogenannte Imagetransfer von Produktnamen und mit dem Produkt in enger Verbindung stehender Figuren sowie Symbole im Mittelpunkt: Gegen Entgelt erhält der Licensing-Nehmer das Recht, diesen Produktnamen etc. für seine eigenen Produkte zu verwenden. Dem Vorteil des wachsenden Bekanntheitsgrades steht hierbei indes die Gefahr der „Verwässerung" des Images durch zu breite Streuung von Lizenzen gegenüber.

Licensing

In den letzten Jahren hat ein neues Kommunikationsmedium stark an Bedeutung gewonnen: das Internet. Durch das Ausnutzen verschiedener Werbeformen (z. B. Homepage, Banner) ist es möglich, international auf das Unternehmen und seine Produkte aufmerksam zu machen.

Werbung im Internet

Möglichst viele Wege nutzen

Für jedes Unternehmen ist es wichtig, den Kontakt zum (potenziellen) Kunden über möglichst viele Absatz- und Kommunikationswege zu finden. Dieses Multikanalmanagement wird in den kommenden Jahren eine immer wichtigere Rolle im Marketing spielen.

Multikanalmanagement

Abschließend noch eine Checkliste zur Kommunikationspolitik, die Ihnen bei Ihren Entscheidungen behilflich sein kann. Dabei nimmt sie sowohl Bezug auf Ihre Zielgruppe als auch auf Ihr Budget. Auch diese Checkliste finden Sie natürlich wieder auf Ihrer CD-ROM.

CHECKLISTE: KOMMUNIKATIONSPOLITIK

Frage	Bemerkung
Welche Zielgruppen wollen Sie erreichen?	
Zu welchen (Sende-)Zeiten wollen Sie Ihre Zielgruppen erreichen?	
Wie wollen Sie Ihre Public Relations durchführen?	
Welche Kommunikationsinstrumente eignen sich für Ihr Ziel?	
Wie hoch ist Ihr Kommunikationsbudget?	
Wie häufig soll die Werbung erscheinen?	
Kommt eine Form der modernen Kommunikationsinstrumente für Sie ganz besonders infrage?	

 ## EXPERTEN-TIPP: KUNDENNUTZEN

Die besten Erfolge am Markt können Sie dann erzielen, wenn Sie Folgendes beherzigen:

- Der Kunde muss in Ihrem Produkt, Ihrer Leistung einen Nutzen für sich selbst erkennen und bereit sein, für diesen Nutzen etwas zu bezahlen.

- Dieser Kundennutzen ist der Schlüssel zum Markt.

- Die Ausrichtung des Unternehmens am Markt heißt nicht, das zu verkaufen, was man gut herstellen kann, sondern das herzustellen, was für den Kunden einen Nutzen hat. Gelingt Ihnen das, wird auch der Verkaufserfolg nicht auf sich warten lassen.

Der leistungswirtschaftliche Prozess

PRAXIS-BEISPIEL: PRODUKTIONSPLANUNG

Konrad Schmoll, frisch gebackener Tischlermeister, will endlich seinen Traum realisieren, schöne Holzstühle in großer Stückzahl preiswert herzustellen. Mit seinem Freund, Bernd Schmidt, der Produktionsleiter in einer mittelständischen Möbelfabrik ist, bespricht er die Produktions- und Fertigungsplanung.

Auf Grundlage des Marketing haben Sie bisher ein Gespür dafür entwickeln können, welche Produkte Ihr Unternehmen in welchen Mengen am Markt absetzen kann. Nun müssen Sie es „nur" noch produzieren. Aber was heißt das genau? Und was benötigen Sie dazu? Hierauf wollen wir im Folgenden etwas genauer eingehen, ebenso wie auf die Logistik, also die Frage, wie die fertigen Waren letztendlich an ihren Bestimmungsort kommen.

Was brauchen Sie zum Produzieren?

Bei der Produktion spielen die Ausgangsmaterialien, die sogenannten Produktionsfaktoren, eine wichtige Rolle. Darunter versteht man Güter, die im Herstellungsprozess kombiniert werden, um andere Güter zu fertigen.

Produktionsfaktoren

Diese Produktionsfaktoren werden natürlich, je nachdem, was für ein Produkt Sie fertigen wollen, unterschiedlich ausfallen. Allen Produktionsvorgängen ist jedoch gemein, dass die Faktoren miteinander kombiniert werden und aus dieser Faktorenkombination das Produkt entsteht.

Dabei unterscheidet die Betriebswirtschaftslehre zunächst sehr grundsätzlich zwischen den Produktionsfaktoren

- menschliche Arbeitleistung,

- Betriebsmittel und

- Werkstoffe.

Unter dem Begriff „menschliche Arbeitsleistung" fasst man die Bereiche ausführende Tätigkeit und geistige Tätigkeit zusammen.

- Die ausführende Tätigkeit wird auch objektbezogene Arbeitsleistung genannt, weil sie sich unmittelbar auf die Herstellung bezieht, also auf den Prozess des „Handanlegens" an das zu produzierende Objekt.

- Daneben steht die geistige Tätigkeit, die auch als dispositive Arbeitsleistung bezeichnet wird und die Faktorenkombination leitet, plant und organisiert.

Alle an der Herstellung direkt beteiligten Faktoren werden zu den elementaren Faktoren zusammengefasst, zu denen die objektbezogenen Arbeitsleistung, die Betriebsmittel sowie die Werkstoffe zählen. Somit ergibt sich folgende Übersicht (nach Erich Gutenberg):

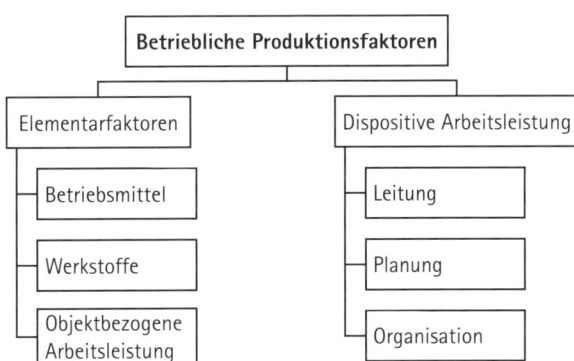

Die Betriebsmittel werden zur Leistungserstellung benötigt, gehen jedoch nicht selbst in das Produkt ein. Sie verkörpern zusammen mit der objektbezogenen Arbeitsleistung ein bestimmtes Leistungspotenzial, das erst durch wiederholten Einsatz verbraucht werden kann. Insofern können sie auch als Potenzialfaktoren (Gebrauchsgüter) bezeichnet werden. Die Potenzialfaktoren determinieren die Kapazitäten eines Unternehmens.

Betriebsmittel

Die Werkstoffe hingegen gehen in das Produkt mit ein bzw. werden bei der Produktion verbraucht, sodass ihre Beschaffung laufend wiederholt (repetiert) werden muss, weswegen sie auch als Repetierfaktoren (Verbrauchsgüter) bezeichnet werden. Man kann sie weiter in Roh-, Hilfs- und Betriebsstoffe unterteilen:

Werkstoffe

- Rohstoffe sind die wesentlichen Bestandteile eines Produkts (z. B. Metall, Holz).

Roh-, Hilfs- und Betriebsstoffe

- Hilfsstoffe gehen in das Produkt ein, bilden jedoch keine wesentlichen Bestandteile desselben (z. B. Klebstoffe).

- Betriebsstoffe gehen nicht in das Produkt ein, werden aber bei der Produktion verbraucht (z. B. Elektrizität, Benzin).

Zusatzfaktoren　Schließlich gibt es noch sogenannte Zusatzfaktoren. Sie sind zwar für die Leistungserstellung direkt nicht von entscheidender Bedeutung, werden aber zur nachhaltigen Sicherstellung der Produktion benötigt, z. B. Versicherungen, Steuern oder Verbandsbeiträge.

Welche Produkte gibt es?

Güter-
umwandlung　Die Güterumwandlung stellt den zentralen Prozess in einem Unternehmen dar. Hierbei werden die beschafften Roh-, Hilfs- und Betriebsstoffe mithilfe sowohl der menschlichen Arbeitskraft als auch der Maschinen so kombiniert, dass aus ihnen marktfähige Produkte entstehen. Doch werden bei diesem Prozess nicht nur die „erwünschten" Produkte, sondern auch Abfälle erzeugt. Insofern unterscheidet man die während der Herstellung entstehenden Produkte in Endprodukte, Zwischenprodukte und Abfallprodukte.

 PRAXIS-BEISPIEL: HERSTELLUNGSPROZESS

Endprodukte sind beispielsweise der Fernseher und die Konfitüre.

Als Zwischenprodukt gelten etwa Scheinwerfer, die in einen Pkw eingebaut werden.

Endprodukte　■ Bei den Endprodukten handelt es sich um solche Fabrikate, die verkaufs- oder verbrauchsfertig sind. Wie Sie bereits wissen, werden sie in Konsum- und Investitionsgüter unterschieden.

Zwischen-
produkte　■ Zwischenprodukte (Halbfabrikate) sind Teile oder Baugruppen, die als Bestandteile in ein anderes Produkt einfließen.

- Abfallprodukte entstehen zwar auch im Rahmen der Leistungs- **Abfallprodukte**
erstellung, jedoch hat das Unternehmen für sie keine weitere
Verwendung.

Im Folgenden werden wir uns insbesondere mit den Endprodukten
beschäftigen.

Wie Sie Ihre Produktion planen

Welche Produkte wollen Sie mit welchen Produktionsfaktoren auf
welche Weise herstellen? Die Produktionsplanung sieht hier zwei Teilbereiche vor:

- die Programmplanung und

- die Fertigungsplanung.

Die Programmplanung

Gegenstand der Programmplanung ist die Frage nach der Art und der **Produktions-**
Menge der herzustellenden Produkte, d. h. nach dem Produktionspro- **programm und**
gramm und der Produktionsmenge. **-menge**

Auch wenn die Produktion nicht unabhängig vom Marketing zu sehen
ist, ist diese Festlegung des Programms nicht zu verwechseln mit der
des Marketing, die sich auf die Absetzbarkeit eines Produkts bezieht.

Gehen Sie bei dieser Planung zunächst von dem aus, was Sie in Ihrem
Unternehmen bereits an Kundenaufträgen vorliegen haben und was
im Lager vorhanden ist. Vielleicht liegt Ihnen aber auch zur Orientierung bereits eine Marktanalyse mit einer entsprechenden Prognose
vor.

Legen Sie Ihr Produktionsprogramm fest

Fertigungs-
und Absatz-
planung
abstimmen

Produzieren Sie nur so viel, wie Sie auch in einem überschaubaren Zeitraum absetzen können. Andernfalls besteht die Gefahr, dass Ihr Unternehmen die hergestellten Produkte nicht los wird und letztlich „aus dem Markt ausscheidet" (ein Euphemismus für eine Insolvenz), weil Sie „am Markt vorbei" produziert haben. Da die Festlegung des Produktionsprogramms langfristige Auswirkungen auf Ihr Unternehmen hat, sollten Sie die Fertigungs- und die Absatzplanung möglichst genau aufeinander abstimmen.

Eine Standardlösung dieses Problems gibt es nicht, vielmehr muss für jedes Unternehmen individuell unterschieden werden, in welcher Form ein bestmöglicher Kompromiss gefunden werden kann. Dennoch gibt es verschiedene hilfreiche Lösungsansätze, wie etwa

Make-or-Buy
- die Make-or-Buy-Entscheidung. Hierbei wird geprüft, ob der Zukauf eines oder mehrer Produkte für eine Sortimentserweiterung günstiger ist als eine Eigenfertigung.

Plattform-
strategie
- Als weitere Möglichkeit kann die Plattformstrategie genannt werden, die auf die Verwendungsvielfalt eines Produkts baut und davon ausgeht, dass bestimmte Produktbestandteile in mehrere Produkte bzw. Modelle eingehen, die sich durch ihr Design unterscheiden (z. B. Autos, Handys).

Produktions-
faktoren
überprüfen

Bevor Sie Ihre Produktion beginnen, sollten Sie weiterhin prüfen, ob die bereits vorhandenen Produktionsfaktoren in ausreichender Art, Menge und Qualität vorhanden sind, um das geplante Produkt – auch in der gewünschten Qualität – herstellen zu können. Sind sie es nicht, müssen Sie entscheiden, ob die fehlenden Produktionsfaktoren zugekauft werden sollen oder das geplante Produkt durch Änderung seiner Eigenschaften mit den vorhandenen Faktoren produziert werden kann.

Bestimmen Sie die Produktionsmenge

Bei der Planung der Produktionsmenge sollten Sie zunächst unterscheiden, inwiefern die Fertigung auftrags- bzw. vorratsbezogen ist.

Auftrags- oder vorratsbezogen

- Während bei der auftragsbezogenen Produktion das Unternehmen genau die Menge herstellt, für die aufgrund von festen Kundenbestellungen eine bestehende und dem Unternehmen bekannte Nachfrage herrscht,

- erfolgt die Fertigung bei der vorratsbezogenen Produktion vorrangig auf Grundlage prognostizierter Absatzmengen, sodass die Produkte zunächst ins Lager genommen werden müssen.

In der Praxis treten beide Möglichkeiten oftmals in einer Kombination auf (Gemischtfertigung). Grundsätzlich spielt dabei auch der Fertigungstyp eine Rolle: Ist bei der Einzelfertigung vorwiegend die auftragsbezogene Produktion typisch, erfolgt die Mehrfachfertigung eher als vorratsbezogene Fertigung.

Gemischtfertigung

Da Dienstleistungsunternehmen nicht auf Vorrat produzieren können, kommt für sie nur die auftragsbezogene Fertigung infrage.

Des Weiteren wird die Planung der Produktionsmenge wesentlich davon beeinflusst, ob das Unternehmen ein oder mehrere Produkte herstellt.

Stellt Ihr Unternehmen nur ein Produkt her, steht die optimale Abstimmung zwischen Produktions- und Absatzmenge im Vordergrund.

Einproduktunternehmen

Beim Absatz unterscheidet man zwischen

- einer konstanten und

- einer (saisonal) schwankenden

Absatzmenge.

Ist die Absatzmenge konstant, sollte die Produktionsmenge der abzu-
setzenden Menge entsprechen, da eine Lagerhaltung grundsätzlich
entbehrlich ist und nur unnötig Kosten verursachte. Einzig für den
Fall ungeplanter Produktionsausfälle empfiehlt sich die Fertigung auf
Vorrat.

Bei (saisonal) schwankender Absatzmenge ist zu überlegen, wie die
Produktionsmenge optimal angepasst werden kann. Es gibt folgende
Anpassungsarten:

Synchroni-
sation

- Synchronisation: Die produzierte Menge entspricht im Zeitablauf
  jeweils der abgesetzten Menge. Die Folge ist eine stark schwankende Kapazitätsauslastung, allerdings auch eine geringe Lagerhaltung.

Emanzipation

- Emanzipation: Die Produktionsmenge wird unabhängig von der
  jeweiligen Absatzmenge im Zeitablauf konstant gehalten. Hierdurch sollen die Absatzspitzen durch den Lagerbestand, der während des Saisontiefs aufgebaut wurde, abgedeckt werden. Gegenüber der Synchronisation bedeutet dies einerseits eine konstante
  Kapazitätsauslastung, andererseits aber auch die Notwendigkeit zur
  Lagerhaltung.

Eskalation

- Eskalation: Kombination aus Synchronisation und Emanzipation.
  Um die Kosten zu minimieren, wird die Produktionsmenge trep-
  penförmig an die schwankende Absatzmenge angepasst.

Anpassungs-
möglichkeiten
bei
schwankender
Absatzmenge

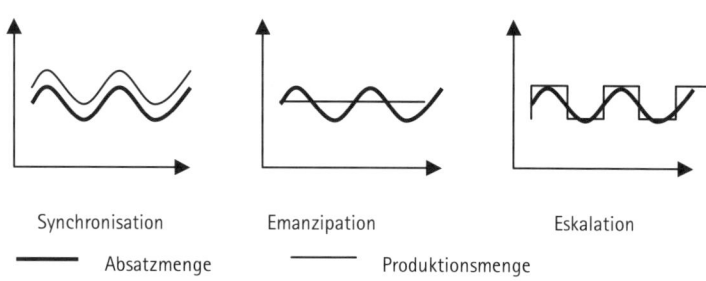

Synchronisation   Emanzipation   Eskalation

—— Absatzmenge   —— Produktionsmenge

Bei der Wahl der Anpassungsmöglichkeiten stehen die Kosten der Betriebsbereitschaft (also dafür, dass das Unternehmen mit der Produktion sofort loslegen kann) den Kosten der Lagerhaltung gegenüber.

Aufgrund ihrer Produkte kommt für Dienstleistungsunternehmen lediglich die Synchronisation infrage.

Solange bei einem Mehrproduktunternehmen die herzustellenden Produkte im Herstellungsprozess keinerlei Verbindungen zueinander aufweisen – also z. B. dieselben Maschinen benutzt werden – besteht kein Unterschied zum Einproduktunternehmen.

Mehrprodukt-unternehmen

Problematisch wird es jedoch dann, wenn zur Herstellung der Produkte (nahezu) dieselben Maschinen in Anspruch genommen werden müssen. In diesem Fall ist zu entscheiden, welche der herzustellenden Produkte in welchen Mengen zu fertigen sind.

Ist Ihr Unternehmen an einem größtmöglichen Gewinn interessiert, können Sie die optimale Reihenfolge mithilfe der Deckungsbeitragsrechnung ermitteln: Der größtmögliche Gewinn wird erzielt, wenn jene Produkte für das Produktionsprogramm gewählt werden, bei denen die Summe ihrer Deckungsbeiträge das Maximum ergibt.

Deckungsbei-tragsrechnung

Eine solche Lösung ist nicht immer leicht zu auszumachen. Sind jedoch bestimmte mathematische Voraussetzungen erfüllt, kann sie mithilfe der „linearen Programmierung" gefunden werden.

 **CHECKLISTE: PROGRAMMPLANUNG**

Frage	Bemerkung
Welche Produkte kommen aus Marketingsicht für Ihr Unternehmen infrage?	
Wie viele Produkte wollen Sie herstellen?	
Ist es für Ihr Unternehmen möglich, durch Zukauf das Sortiment zu erweitern?	
Ist die Fertigung eher auftrags- oder eher vorratsbezogen?	
Sind bereits Fertigungsanlagen vorhanden? Wenn ja, schränken sie die Marketingsicht ein?	
Schwanken die Absatzmengen oder sind sie konstant?	
Bei schwankenden Absatzmengen: Können Sie die Fertigung anpassen?	
Kommt eine Plattformstrategie für Ihr Unternehmen in Betracht?	

Die Fertigungsplanung

Nachdem Sie Ihr Programm geplant haben, müssen Sie nun noch entscheiden, wie Ihr Unternehmen die Produkte fertigen will. Bezogen auf die Aufbauorganisation der Fertigung sind demnach folgende Fragen zu beantworten:

- Wie soll der Fertigungsablauf räumlich sinnvoll angeordnet werden (Fertigungsverfahren)?

- Wie häufig soll ein bestimmter Fertigungsvorgang wiederholt werden (Fertigungstypen)?

Bei der Festlegung des Fertigungsverfahrens geht es darum, die Bear- *Fertigungs-* beitungsreihenfolge der Produkte sowie die Aufgabenzuordnung zu *verfahren* den einzelnen Arbeitsplätzen möglichst optimal festzulegen. Dabei können folgenden Verfahren unterschieden werden:

- Werkstattfertigung,

- Fließfertigung,

- Gruppenfertigung und

- neuere Fertigungsverfahren.

Werkstattfertigung

Die Werkstattfertigung eignet sich besonders für Kleinbetriebe, für Einzelfertigungen und für Produktionen in kleinen Serien.

Die Werkstattfertigung stellt die verschiedenen zu erledigenden Funk- *Verrichtungs-* tionen in den Vordergrund (Verrichtungsorientierung). Da die Ferti- *orientierung* gung eher auftragsbezogen erfolgt, besteht kein festes Produktions- programm. Es ist also günstiger, die Arbeitsplätze nach den verschie- denen Tätigkeiten anzuordnen: Gleichartige Arbeitsverrichtungen werden zu einer fertigungstechnischen Einheit zusammengefasst. Das herzustellende Produkt wird also von Werkstatt zu Werkstatt trans- portiert. Dabei kann es vorkommen, dass es einzelne Werkstätten gar nicht oder auch mehrmals durchlaufen muss.

Der große Vorteil der Werkstattfertigung besteht in der hohen Flexibi- *Durchlauf-* lität. Dem stehen jedoch lange Transportwege, eventuell auch Warte- *kosten* und Leerzeiten bei einzelnen Werkstätten, gegenüber, die zu steigen- *minimieren* den Kosten für Zinsen und Lagerhaltung führen. Das Dilemma der Werkstattfertigung besteht folglich darin, bei einer möglichst schnel- len Durchlaufzeit die Durchlaufkosten zu minimieren.

PRAXIS-BEISPIEL: WERKSTATTFERTIGUNG

In einer Schlosserei gibt es jeweils eine Werkstatt für die Tätigkeiten Fräsen, Bohren, Drehen etc. Je nachdem, in welcher Reihenfolge ein Produkt bearbeitet werden muss, wird es von Werkstatt zu Werkstatt weitergereicht.

Fließfertigung

Objekt-
orientierung

Im Gegensatz zur Werkstattfertigung wird bei der Fließfertigung die notwendige Bearbeitungsabfolge des Produkts in den Mittelpunkt gestellt (Objektorientierung), sodass ein festes Produktionsprogramm entsteht.

Die Maschinen und Arbeitsplätze werden hierbei so angeordnet, dass die Fertigung möglichst geringe Transportwege und möglichst geringe Zwischenlager erfordert. Die extremste Ausprägung ist die Fließbandfertigung.

Massen- oder
Großserien-
fertigung

Da die Fertigung unterschiedlicher Produkte im Normalfall immer auch unterschiedliche Maschinen bzw. Umrüstzeiten benötigt, die zu höheren Kosten führen, lohnt sich eine solche extreme Ausrichtung auf ein Objekt nur bei Massen- oder Großserienfertigung. Die Fließbandproduktion bei der Herstellung und Verpackung industriell gefertigter Schokoladentafeln ist ein Beispiel für die Fließfertigung.

Vorteile bestehen zum einen in den eben genannten geringeren Transport- und Lagerkosten, andererseits aber auch in der Übersichtlichkeit des Fertigungsablaufs. Dem steht allerdings ein hoher Grad an Arbeitsmonotonie gegenüber.

Gruppenfertigung

Die Gruppenfertigung stellt eine Mischform der beiden vorgenannten Fertigungsverfahren dar. Hier werden die Maschinen und Arbeitsplätze gemäß den einzelnen notwendigen Verrichtungen zu sogenannten Funktionsgruppen zusammengefasst, innerhalb derer die Anordnung nach dem Bearbeitungsablauf erfolgt.

Funktionsgruppen

Gruppenfertigung ist bei solchen Fertigungsabläufen sinnvoll, bei denen die Fertigung von Einzelteilen einen großen Anteil des Produktionsprogramms ausmacht. Werden nahezu sämtliche Halb- und Fertigfabrikate aus solchen Einzelteilen zusammengesetzt, die in den Funktionsgruppen gefertigt wurden, spricht man auch vom Baukastenprinzip.

Baukastenprinzip

Neuere Entwicklungen im Bereich der Fertigungsverfahren

Einige neuere Entwicklungen sollen abschließend kurz vorgestellt werden:

- Computer Integrated Manufacturing (CIM): Natürlich hat auch der Computer längst Einzug in den Fertigungsbereich gehalten. Ziel ist die Maschinensteuerung durch Computer, was teilweise zu vollautomatischen Produktionsabläufen führt.

CIM

- Just-in-Time-Produktion (JiT): Ziel der JiT ist die Fertigung auf Abruf. Eine kostenintensive Lagerhaltung der Rohstoffe und Fertigfabrikate wird überflüssig, denn die Auftragsvergabe des Kunden löst gleichzeitig eine entsprechende Bestellung beim Zulieferer aus.

JiT

- Kanban: Das Kanban-Prinzip wird zur Steuerung des Produktionsprozesses eingesetzt. Jede Fertigungsstelle besorgt sich bei der vorangehenden Stelle die Teile, die sie gerade benötigt (Holprinzip). Dieses Prinzip wird durch alle Fertigungsstellen hindurch ein-

Kanban

schließlich des Zulieferers angewandt. Auf Pendelkarten (japanisch: Kanban), die zwischen herstellender und verbrauchender Stelle eingesetzt werden, wird der Bedarf angegeben. Die Produktionsaufträge werden gemäß dem Holprinzip am Ende des Fertigungsprozesses eingespeist und nicht – wie sonst üblich – am Anfang.

Welche Fertigungstypen gibt es?

Fertigungslose

Nachdem sich Ihr Unternehmen darüber Klarheit verschafft hat, welches Produkt in welchen Mengen hergestellt werden soll, sich auch für ein Fertigungsverfahren entschieden hat, müssen Sie nun überlegen, wie die zu produzierende Gesamtmenge in sinnvolle Fertigungslose unterteilt werden soll.

Einzel- und Mehrfachfertigung

Bei einer solchen Teilmenge, die ohne Unterbrechung des Produktionsprozesses gefertigt wird, unterscheidet man, bezogen auf die Wiederholung bestimmter Fertigungsvorgänge, Einzelfertigung und Mehrfachfertigung.

Einzelfertigung

Bei der Einzelfertigung wird jedes Produkt nur einmal hergestellt und stellt somit ein Unikat dar. Unternehmen setzen die Einzelfertigung in der Regel auftragsbezogen ein und können so auf individuelle Kundenwünsche eingehen, sofern der Auftrag mit den vorhandenen Maschinen und Arbeitskräften hergestellt werden kann. Ein festes Produktionsprogramm besteht nicht.

Customer Integration

Eine spezielle Form der Einzelfertigung ist die „maßgeschneiderte" Massenfertigung (Customer Integration). Hierbei wird ein Produkt

- mit Computertechnik modifiziert (z. B. Anzugsfertigung durch Videovermessung des Kunden und gekoppelten Laserzuschnittsroboter) oder

- mit kundenabhängigen Dienstleistungen verknüpft (z. B. Software-ent-wicklung unter Einbeziehung des Kunden).

Bei der Mehrfachfertigung werden von einem Produkt mehrere Einheiten angefertigt. In Abhängigkeit vom Produktionsumfang können folgende Fertigungsarten unterschieden werden:

Mehrfach-fertigung

- Massenfertigung: Ein (einfache Massenfertigung) oder mehrere Produkte (mehrfache Massenfertigung) werden über einen längeren Zeitraum in sehr großen Stückzahlen hergestellt. Dabei wird ein bestimmter Fertigungsprozess laufend wiederholt, ohne dass ein Ende abzusehen ist. Häufig ist eine Änderung des Fertigungsprozesses aus Gründen der Nachfrageanpassung oder Produktionstechnik notwendig. Daher ist die Massenfertigung heutzutage häufig weitgehend automatisiert.

Massen-fertigung

- Serienfertigung: Bei der Serienfertigung werden mehrere Produkte in einer begrenzten Stückzahl hintereinander auf den gleichen Produktionsanlagen gefertigt. Der Wechsel zwischen zwei Produkten erfordert einen größeren produktionstechnischen Aufwand. Die Serienfertigung liegt zwischen der Einzel- und der Massenfertigung. Man unterscheidet zwischen Groß- und Kleinserien. Während eine Großserie über eine längere Zeit läuft und hohe Stückzahlen aufweist, wird bei der Kleinserie nur eine geringe Anzahl des Produkts hergestellt.

Serien-fertigung

- Sortenfertigung: Wie bei der Serienfertigung werden mehrere Produkte in einer begrenzten Stückzahl hergestellt; man spricht daher auch von einer Sonderform der Serienfertigung. Im Gegensatz zur Serienfertigung weisen die Produkte ein einheitliches Ausgangsmaterial und eine hohe Ähnlichkeit auf. Die Herstellung erfolgt auf den gleichen Produktionsanlagen, produktionstechnisch sind nur geringe Umstellungen notwendig.

Sorten-fertigung

Chargen-
fertigung

- Chargenfertigung: Bei dieser Fertigungsart können die Ausgangsmaterialien und/oder die Bedingungen des Produktionsprozesses
nicht konstant gehalten werden, sodass das Ergebnis einzelner
Erzeugnislose (Chargen) unterschiedlich ausfällt.

 PRAXIS-BEISPIEL: MEHRFACHFERTIGUNG

Die industrielle Zigarettenproduktion ist reine Massenfertigung, während Elektrogeräte für den Haushalt wie Staubsauger oder Geschirrspüler oftmals in Serien gefertigt werden. Braut eine Brauerei verschiedene Biersorten, z. B. Pils und Export, produziert es diese mittels der Sortenfertigung. Wein oder Whiskey sind hingegen typische Chargenprodukte.

 CHECKLISTE: FERTIGUNGSPLANUNG

Frage	Bemerkung
Steht Ihr Produktionsprogramm fest oder wollen Sie flexibel sein?	
Besteht bereits eine räumliche Anordnung der Arbeitsplätze?	
Wie sind Ihre Arbeitsplätze angeordnet (verrichtungs- oder objektorientiert)?	
Schwankt die Qualität Ihrer Produkte aufgrund externer Faktoren?	
Wie hoch ist die Stückzahl pro Produkt? Lohnt sich eine Serien- oder Massenfertigung?	

Materialwirtschaft: Wie kommt man an die Sachen ran?

Nachdem Absatz- und Fertigungsplanung beendet sind, geht es nun darum, die zur Herstellung notwendigen Materialien bzw. Produktionsfaktoren in der erforderlichen Art, Güte und Menge zur richtigen Zeit und am richtigen Ort zu beschaffen, zu lagern und zu verteilen. Dies ist Aufgabe der Materialwirtschaft.

Unter Materialwirtschaft versteht man die Beschaffung, Lagerung und Verteilung des zur Herstellung benötigten Materials.

Definition

Vorrangiges Ziel der Materialwirtschaft ist die Minimierung der mit Beschaffung, Lagerung und Transport (der notwendigen Faktoren) verbundenen Kosten, wobei zur Sicherstellung der Produktion ein hoher Grad an Lieferbereitschaft der notwendigen Faktoren gewährleistet sein muss.

Ziele

Entsprechend der Einteilung der Produktionsfaktoren unterscheidet man auch bei der Materialbeschaffung grundsätzlich zwischen der Beschaffung von Mitarbeitern, Betriebsmitteln und Werkstoffen.

Mitarbeiter, Betriebsmittel und Werkstoffe

Die Einstellung von Arbeitskräften

Um die Bereitstellung der benötigten Arbeitskräfte kümmert sich die Personalabteilung. Zu ihren Aufgaben gehören

Personalabteilung

- die Planung des Personalbedarfs,
- die Personalbeschaffung und
- die Planung des Personaleinsatzes.

Weitere Erläuterungen finden Sie dazu im Kapitel „Personalmanagement".

Was ist bei der Bereitstellung der Betriebsmittel zu beachten?

Die Bereitstellung der Betriebsmittel lässt sich in folgenden Planungsphasen darstellen:

Planungs-
phasen

1. Planung des Betriebsmittelbedarfs

2. Planung der Betriebsmittelbeschaffung

3. Planung des Betriebsmitteleinsatzes

4. Planung der Wartung und Instandhaltung

Betriebsmittel-
bedarf

Da die Betriebsmittel zusammen mit den Arbeitskräften die Kapazitäten eines Unternehmens determinieren, geht es bei der Planung des Betriebsmitteleinsatzes zunächst um die Bedarfsermittlung der quantitativen und qualitativen Kapazitäten. Hierbei wird normalerweise unterschieden zwischen

- dem Neubedarf bei Gründung bzw. Umstrukturierung des Produktionsprogramms,

- dem Erweiterungsbedarf zur Vergrößerung der vorhandenen Kapazitäten und

- dem Ersatzbedarf (Modernisierungsbedarf).

Betriebsmittel-
beschaffung

Die Planung der Betriebsmittelbeschaffung beschäftigt sich mit dem Problem

- des günstigsten Beschaffungszeitpunkts,

- der Beschaffungsbedingungen (z. B. Konditionen oder Kauf/Leasing) oder

- der Lieferantenwahl.

Flexibilität ist hierbei wichtig. Weichen der momentane bzw. prognostizierte Bestand vom gegenwärtigen bzw. geplanten Bedarf in Art und/oder Menge ab, muss diese Lücke schnell geschlossen werden.

Je nach Bedeutung der Betriebsmittel besitzt die Bereitstellung einen kurz-, mittel- oder langfristigen Charakter. Handelt es sich um sehr teure Objekte (z. B. Grundstücke und Gebäude, große Maschinen), kann die Entscheidung teilweise fundamentale Fragen der Unternehmensführung (Standortwahl, Produktionsverfahren) berühren und muss aufgrund der Investitionsplanung getroffen werden (vgl. auch das Kapitel „Investition und Finanzierung"). Bei den anderen Betriebsmitteln übernehmen häufig die jeweiligen Abteilungen die Planung, da sie den Bedarf am besten kennen (etwa für kleinere Maschinen, Werkzeuge). Sie leiten ihren Bedarf an die Einkaufsabteilung weiter, die durch die Sammlung der Bestellungen Rabatte und Ähnliches aushandeln kann.

PRAXIS-BEISPIEL: BETRIEBSMITTELBESCHAFFUNG

Die Kakao-AG plant die Anschaffung einer Anlage zur Verarbeitung hochwertigen Kakaos für die Produktion ihrer erfolgreichen neuen Schokoladenkreation. Auf Grundlage der geplanten Absatzmengen und der dadurch benötigten Kapazitäten legt die Unternehmensführung zunächst die technischen Daten der benötigten Anlage fest. Da sie bereits eine funktionierende Anlage besitzt, will sie ihre Kapazitäten lediglich vergrößern. Nach Vergleich mehrerer Anbieter und Finanzierungsmöglichkeiten entscheidet sie sich für einen Lieferanten; die Finanzierung soll über ihre Hausbank erfolgen. Schließlich wird die Anlage in der Produktionshalle so installiert, dass ein reibungsloser Fertigungsprozess gewährleistet ist. Durch einen Servicevertrag mit dem Lieferanten sind Instandhaltung und regelmäßige Wartung gesichert.

Nachdem nun die Betriebsmittel beschafft worden sind, ist ihr Einsatz zu planen. Die angeschafften Betriebsmittel sollten mit den anderen Produktionsfaktoren so kombiniert werden, dass das Produktionsprogramm bestmöglich realisiert werden kann.

Betriebsmittel-einsatz

Wartung und Instandhaltung

Betriebsmittel sind grundsätzlich durch Verschleiß aufgrund von Nutzung gekennzeichnet; ihre Einsatzbereitschaft wird im Zeitablauf vermindert. Um die Einsatzbereitschaft zu sichern, müssen folglich die Betriebsmittel in regelmäßigen Abständen gewartet und instand gehalten werden, d. h. der normal zu erwartende Verschleiß wird überwacht und übermäßiger Verschleiß erkannt bzw. verhindert.

Die folgende Checkliste bietet Ihnen eine Übersicht darüber, was Sie bei der Beschaffung der Betriebsmittel beachten müssen. Sie können Sie bequem in Ihre Textverarbeitung übernehmen und ausdrucken.

 CHECKLISTE: BEREITSTELLUNG DER BETRIEBSMITTEL

	Bemerkungen
Haben Sie den benötigten Betriebsmittelbedarf Ihres Unternehmens geplant?	
Wie lassen sich die beschafften Betriebsmittel und der bestehende Produktionsprozess optimal aufeinander abstimmen?	
Handelt es sich bei der Beschaffung um eine große oder eine eher kleine Investition? Prüfen Sie, wer in Ihrem Unternehmen für die Beschaffung zuständig ist!	
Welche potenziellen Anbieter kennen Sie? Nutzen Sie, um sich zu informieren, auch die Möglichkeiten des Internets.	
Haben Sie sich verschiedene Angebote geben lassen und diese verglichen?	
Wären Preisnachlässe aufgrund von Bestellbündelungen möglich?	
Vergleichen Sie verschiedene Finanzierungsmöglichkeiten. Wie sieht die für Ihr Unternehmen beste Alternative aus?	
Haben Sie die regelmäßige Wartung geplant?	

Wie besorge ich die Werkstoffe?

Arbeitskräfte und Betriebsmittel bilden den Rahmen, innerhalb dessen die Werkstoffe zur Herstellung beschafft werden. Die Bereitstellung der Werkstoffe lässt sich in drei Stufen unterteilen:

1. Planung des Materialbedarfs   Drei Stufen

2. Planung des Materialbestands

3. Planung der Bestellmengen

Wie ermitteln Sie den Materialbedarf?

Da der jeweilige Werkstoffbedarf nach Art, Menge und Güte zeitgerecht und am richtigen Ort zu decken ist, unterscheidet man zwischen programmorientierter und verbrauchsorientierter Bedarfsplanung.

Die Grundlage der programmorientierten Bedarfsplanung bilden die Programmplanung sowie die Stücklisten, die Auskunft über den Aufbau eines Produkts in qualitativer und quantitativer Hinsicht geben. (Im Gegensatz dazu gibt ein Verwendungsnachweis an, in welche Produkte die verwendeten Werkstoffe eingegangen sind.) Ergänzend legt die Programmplanung fest, welches Produkt in welchen Mengen hergestellt werden soll.

Programm-
orientierte
Bedarfs-
planung

Die Multiplikation der Produktmenge mit den Bestandteilen des jeweiligen Produkts ergibt zunächst den sogenannten Sekundärbedarf, der wie folgt zum Materialbedarf führt:

Berechnung
des Material-
bedarfs

	Sekundärbedarf
+	Zusatzbedarf

=	**Materialbedarf (brutto)**
-	Lagerbestand
-	Bestellbestand (bereits bestellter, aber noch nicht eingegangener Bestand)
+	Vormerkbestand

=	Materialbedarf (netto)

 PRAXIS-BEISPIEL: NETTOBEDARFSERMITTLUNG

Die Wäsche OHG plant ihren Materialbedarf. Bei der Produktion von 1.000 Ober-
hemden ermittelt sie einen Sekundärbedarf von 2.000 Metern Stoff sowie 7.000
Knöpfen. Als Zusatzbedarf werden jeweils fünf Prozent des Sekundärbedarfs angesetzt. Lager- und Vormerkbestände bestehen derzeit nicht, vom Stoff sind jedoch
letzte Woche 500 Meter bestellt worden. Somit ergibt sich ein Nettobedarf von
1.600 Metern Stoff und 7.350 Knöpfen.

Verbrauchs-orientierte Bedarfs-planung

Bei der verbrauchsorientierten Bedarfsplanung wird der Bedarf auf der
Grundlage von Vergangenheitswerten prognostiziert, d. h., man unterstellt eine gewisse Kontinuität.

Zur verbrauchsorientierten Bedarfsplanung bedient man sich des recht
einfachen Mittelwertverfahrens:

Mittelwert-verfahren

Gleitender Mittelwert: $V = \dfrac{(T_1 + T_2 + ... + T_n)}{n}$

Gewogender Mittelwert: $V = \dfrac{(TG_1 + TG_2 + ... + TG_n)}{(G_1 + G_2 + ... + G_n)}$

V	=	Vorhersagewert der nächsten Periode
T_i	=	Materialbedarf der Periode i
n	=	Anzahl der Perioden
G_i	=	Gewicht der Periode i

PRAXIS-BEISPIEL: MITTELWERTERMITTLUNG

Die Druckerei Schwarzweiß analysiert ihren Papierverbrauch während der letzten fünf Jahre und stellt folgenden Bedarf fest:

1997: 10.000 Blatt; 1998: 12.000 Blatt; 1999: 11.000 Blatt; 2000: 9.000 Blatt und 2001: 11.000 Blatt.

Dabei schätzt die Druckerei die letzten drei Jahre bedeutender ein als die Jahre davor. Sie gewichtet die Jahre im Verhältnis (in Prozent) 10:10:20:30:30 zueinander.

Für das aktuelle Jahr wird von einem konstanten Bedarf ausgegangen.

Somit ergibt sich ein gleitender Mittelwert
V = (10.000 + 12.000 + 11.000 + 9.000 + 11.000) : 5 = 10.600 Blatt.

Der gewogene Mittelwert errechnet sich folgendermaßen:
(10.000 × 0,1 + 12.000 × 0,1 + 11.000 × 0,2 + 9.000 × 0,3 + 11.000 × 0,3) :
(0,1 + 0,1 + 0,2 + 0,3 + 0,3)
= 10.400 Blatt.

Materialbestandsplanung

Aufgabe der Materialbestandsplanung ist – unter Berücksichtigung der damit zusammenhängenden Kosten – die Ermittlung der optimalen Lagerhaltungsmenge pro Werkstoff.

Optimale Lagerhaltungsmenge

In einem idealen Wirtschaftsmodell wäre die Lagerhaltung unnötig, da der ermittelte Bedarf mit dem tatsächlich benötigten übereinstimmt und Schwund und Diebstahl gar nicht erst vorkommen. Zudem würden die Lieferanten die bestellten Werkstoffe zu den vereinbarten Terminen liefern.

Da die Realität jedoch anders aussieht, ist zur Sicherstellung der Leistungsbereitschaft eine Vorratsplanung notwendig. Durch einen Vorrat werden Raum und Kapital gebunden, also Kosten – insbesondere Lager- und Zinskosten – verursacht.

Folgende Bestandsarten lassen sich unterscheiden:

Lagerbestand
- Der Lagerbestand ist zum Zeitpunkt der Planung körperlich im Lager vorhanden, allerdings wird unterschieden nach frei verfügbarem und bereits für bestimmte Produkte reserviertem (disponiertem) Bestand.

Inventurbestand
- Der Inventurbestand wird durch eine körperliche Aufnahme erfasst und ist mit dem Lagerbestand identisch.

Buchbestand
- Der Buchbestand ist eine buchhalterische Größe und ergibt sich aus den dokumentierten Anfangsbeständen, die sich durch Zu- und Abgänge verändern. Der Buchbestand kann aufgrund von Schwund, Diebstahl oder Dokumentationsfehlern vom Lagerbestand abweichen.

Mindestbestand
- Der Mindestbestand dient der Sicherstellung der Leistungsbereitschaft bei Ausfällen, Lieferproblemen oder ungeplantem Mehrbedarf. Er stellt somit eine Art Puffer für Notzeiten dar. Der Mindestbestand wird auch „eiserner Bestand" oder „Reserve" genannt.

Meldebestand
- Wird im Lager der Meldebestand erreicht, ist der Werkstoff neu zu bestellen, um den Mindestbestand nicht angreifen zu müssen. Er reicht somit gerade aus, die Zeit zwischen Bestellung und Lieferung zu überbrücken. Der Meldebestand wird auch „Bestellbestand" genannt.

Höchstbestand
- Der Höchstbestand bildet die maximale Vorratsmenge.

Die Planung der Bestellmengen

Gegenstand der Bestellmengenplanung ist die Ermittlung jener Bestellmenge pro Beschaffungsvorgang, der unter Berücksichtigung der spezifischen Kosten für das Unternehmen am günstigsten ist. Dabei sind neben den Kosten für die Lagerhaltung (z. B. für Lagerraum, Personal, Abschreibungen, Beleuchtung) vor allem noch folgende zu berücksichtigen:

- Bestellkosten sind bestellfix, also bestellmengenunabhängig (z. B. Kosten für die Rechnungsprüfung pro Lieferung oder die Materialprüfung pro Lieferung).

  Bestellkosten

- Beschaffungskosten sind bestellmengenabhängig und ergeben sich aus den Einstandspreisen für die Werkstoffe bei Bezug.

  Beschaffungskosten

Bestellt das Unternehmen große Mengen pro Bestellvorgang, kann es unter Umständen Mengenrabatte erzielen, die den Einstandspreis senken. Außerdem verteilen sich die bestellfixen Kosten auf eine größere Menge, sodass die Einkaufskosten pro Stück sinken.

Andererseits ist mit größeren Bestellmengen der durchschnittliche Lagerbestand höher, sodass die Lagerkosten pro Stück steigen (etwa durch längere Kapitalbindung pro Stück, längere Lagerplatzbeanspruchung, höhere Gefahr der Verderblichkeit der Ware).

Die optimale Bestellmenge ist demnach diejenige, bei der die Einkaufs- und Aufbewahrungskosten pro Stück am geringsten sind. Hierbei wird allerdings unterstellt, dass die Stückpreise konstant und der Absatz gleichmäßig, also die Lagerabgänge stetig bleiben. Zudem geht man davon aus, dass die optimale Menge mit den vorgegebenen Verpackungseinheiten übereinstimmt.

Optimale Bestellmenge

Gehen Sie die nachfolgende Checkliste durch, um sich zu vergewis-
sern, dass Sie wirklich an alles gedacht haben. Auch diese Checkliste
finden Sie natürlich wieder auf Ihrer CD-ROM.

 CHECKLISTE: BEREITSTELLUNG DER WERKSTOFFE

Frage	Bemerkungen
Haben Sie den Werkstoffbedarf Ihres Unternehmens nach Art, Menge und Güte geplant?	
Haben Sie den benötigten Lagerbestand der jeweiligen Werkstoffe ermittelt?	
Wie hoch ist die optimale Bedarfsmenge pro Werkstoff?	
Haben Sie bei programmorientierter Mengenbedarfspla-nung den Nettobedarf pro Werkstoff ermittelt?	
Haben Sie bei verbrauchsorientierter Mengenbedarfspla-nung den Mittelwert pro Werkstoff errechnet?	
Wer ist in Ihrem Unternehmen für die Beschaffung zustän-dig?	
Sind Preisnachlässe aufgrund von Bestellbündelungen möglich?	

Logistik: Wie kommen die Waren an ihren Bestimmungsort?

PRAXIS-BEISPIEL: WARENSTSTRÖME KOORDINIEREN

Frau Dudenhöfer ist Geschäftsführerin der Wallheim GmbH, einem Zulieferbetrieb der Automobilindustrie. Gemeinsam mit ihren Abnehmern diskutiert sie, wie sie die Warenströme besser koordinieren können.

In der Betriebswirtschaftslehre versteht man unter Logistik die zielgerichtete Planung, Steuerung und Kontrolle des physischen Material- und Warenflusses, und zwar sowohl

Material- und Warenfluss

- innerhalb eines Unternehmens als auch

- zwischen verschiedenen Unternehmen sowie

- zwischen Unternehmen und Endverbraucher.

Auch die Entsorgungswege sind in den logistischen Überlegungen eingeschlossen. Die Bedeutung der Logistik hat in den letzten Jahren dermaßen zugenommen, dass sie mittlerweile als ein eigenständiger Zweig der BWL angesehen werden kann.

Welche Aufgaben hat die Logistik?

Aufgabe der Logistik ist es, die Kosten für das Lager- und Transportsystem während des Leistungserstellungsprozesses (Beschaffung, Produktion, Absatz) für das Unternehmen so gering wie möglich zu halten.

Kosten gering halten

Wann haben Sie dieses Ziel erreicht? Genau dann, wenn es Ihrem Unternehmen dank einer effektiven Versorgung gelingt, dass das

Die sechs R der
Logistik

- richtige Produkt am

- richtigen Ort in der

- richtigen Menge zur

- richtigen Zeit in der

- richtigen Qualität zu den

- richtigen Kosten vorhanden ist.

Man bezeichnet diese sechs „Richtigkeitsfaktoren" auch als die sechs R der Logistik.

Informations-
systeme

Um eine größtmögliche Effizienz zu erreichen, ist neben der Konzeption eines Lager- und Transportsystems auch die Entwicklung geeigneter Informationssysteme notwendig.

Aufgrund der engen Verknüpfung der Material- und Warenströme können die einzelnen Teilprozesse nicht isoliert voneinander betrachtet werden. Erst durch die Betrachtung des Gesamtsystems ist eine effiziente Logistikorganisation möglich. Somit erfordert die Logistik Kenntnisse und Erfahrungen insbesondere auf den Gebieten

- der Betriebswirtschaft,

- der Technik,

- der Informatik und

- der Warenwirtschaft.

Die Unternehmensführung sollte daher durch einen Logistiker unterstützt werden, der ein Generalist sein sollte und fähig, bereichsübergreifend zu denken und durchsetzungsstark zu handeln.

Aber Logistik ist keine Aufgabe, die nur unternehmensintern relevant ist. Zur Optimierung der Material- und Warenströme Ihres Unternehmens erfordert die ganzheitliche Sichtweise die Einbeziehung Ihrer Zulieferer und Ihrer Abnehmer in die logistischen Betrachtungen.

Einbeziehung von Zulieferern und Abnehmern

In welche Bereiche gliedert sich die Logistik?

Die Logistik kann in folgende Bereiche untergliedert werden:

- Beschaffung,

- Produktion,

- Distribution und

- Entsorgung.

Ziel der Beschaffungslogistik ist die Sicherstellung der mengen-, termin- und qualitätsorientierten Materialversorgung, die für die Produktion benötigt wird. Wesentliche Aufgabe für die Logistik ist es hierbei, ein möglichst günstiges Preis-Leistungsverhältnis für die verschiedenen Produktionsfaktoren zu erzielen. Die Beschaffungslogistik selbst liefert die hierzu notwendigen Informationen, z. B. durch frühzeitige Bedarfsfeststellung oder Mengendisposition.

Beschaffungslogistik

Die innerbetriebliche Logistik ist auf eine effiziente Sicherstellung des Warenflusses innerhalb des Unternehmens gerichtet.

Innerbetriebliche Logistik

- Im industriellen Bereich umfasst die innerbetriebliche Logistik die Produktionslogistik,

- während man bei Handels- und Dienstleistungsunternehmen hierunter alle Lagerungs-, Umschlags- und Transformationsvorgänge (z. B. Abpacken, Zuschnittarbeiten, Kommissionieren) versteht.

Die Distributionslogistik kümmert sich um die Sicherstellung der zielgerechten und effizienten Güterverteilung. Wichtig hierbei ist, dass

Distributionslogistik

der vom Abnehmer erwartete Lieferservice in einem optimalen Verhältnis zu den Kosten steht. Die Distributionslogistik ist dem Marketing zuzuordnen und kann als eigenständiges Marketinginstrument angesehen werden (vgl. Kapitel „Marketing").

Entsorgungslogistik

Die Entsorgungslogistik als noch junge Teildisziplin ergänzt die bisher versorgungsorientierte Logistik. Ihr Zweck ist die Sicherstellung der gesetzeskonformen Abfallentsorgung. Sie schließt im Sinne des Kreislaufwirtschaftsgesetzes den Materialkreislauf zwischen Konsum und Grundstoffen. Entsorgung bedeutet hier die Verwertung und Beseitigung der Abfälle, die während des Leistungserstellungsprozesses anfallen.

 CHECKLISTE: LOGISTIK

Frage	Bemerkung
Wie ist die Logistik in Ihrem Unternehmen beschaffen (z. B. hinsichtlich der Anbindung an die Unternehmensführung, eigenständiger Abteilungen oder personeller Zuordnung)?	
Wie ist Ihr Lager- und Transportsystem organisiert? Besitzen Sie hierzu ein geeignetes Informationssystem?	
Welcher Art ist Ihre Beschaffungslogistik?	
Ist Ihre Produktionslogistik effektiv?	
Wie ist Ihre Distributionslogistik aufgebaut?	
Verfügen Sie über eine ausreichende Entsorgungslogistik?	
Haben Sie mit Ihren (Haupt-)Lieferanten bereits über Logistik gesprochen?	
Haben Sie sich schon mit Ihren (Haupt-)Abnehmern über Logistik verständigt?	

Personalmanagement – die Potenziale der Mitarbeiter

PRAXIS-BEISPIEL: PERSONALSUCHE

Herr Müller, Personalchef eines mittelständischen Unternehmens, sucht händeringend einen Informatiker. Mit seiner Mitarbeiterin, Frau Meier, bespricht er die Personalbeschaffungsmaßnahmen und Anreizmöglichkeiten.

Das Personal wird herkömmlicherweise neben den Betriebsmitteln und den Werkstoffen als Produktionsfaktor angesehen. Doch unterscheidet es sich in einem ganz wesentlichen Punkt von diesen: Es lebt, hat Gefühle und ist demnach von Stimmungen abhängig. Außerdem gibt es immer ein „Oben" und ein „Unten". Das können Sie bereits daran erkennen, dass Menschen andere Menschen einstellen.

Der Begriff „Personal" bezeichnet grundsätzlich die Gesamtheit aller Arbeitskräfte in einem Unternehmen, obwohl diese sich individuell stark voneinander unterscheiden. Wie in den anderen Bereichen auch ist es Ziel des Personalmanagements, ein möglichst günstiges Verhältnis zwischen Personalaufwand und -ertrag zu erreichen.

So viel wie nötig, so wenig wie möglich

Unter Personalmanagement versteht man die Gestaltung und Steuerung der personalbezogenen Unternehmensprozesse.

Personalmanagement

In diesem Kapitel werden wir vorrangig die „technischen" Fragen des Personalmanagements vorstellen. Zur Mitarbeiterführung vgl. oben (S. 34 ff.).

Die arbeitsrechtlichen Rahmenbedingungen

Das Personalmanagement wird von zahlreichen rechtlichen Bestimmungen determiniert, die den Gestaltungsspielraum des Arbeitgebers begrenzen. Das Arbeitsrecht hat sich heute zu einem eigenständigen Rechtsgebiet entwickelt, das jedoch nicht auf einem einheitlichen Arbeitsgesetzbuch gründet, sondern auf einer Reihe von Gesetzen und Bestimmungen, die in einer bestimmten Rangordnung stehen:

Rangordnung

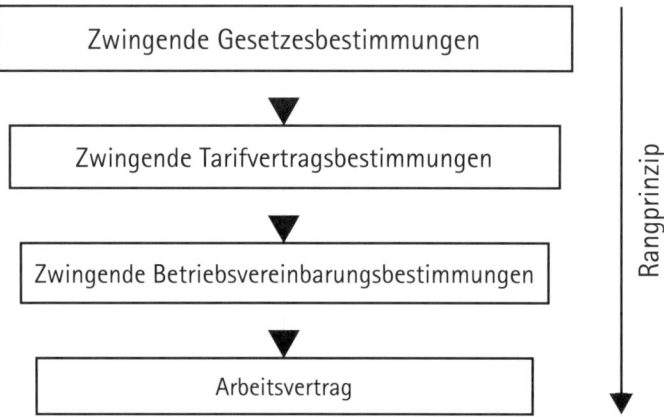

Dabei ist zwischen dem individuellen und dem kollektiven Arbeitsrecht zu unterscheiden.

Individuelles Arbeitsrecht

Das individuelle Arbeitsrecht regelt die Rechtsbeziehungen zwischen dem einzelnen Arbeitnehmer und dem Arbeitgeber. Grundsätzlich gilt hier die Vertragsfreiheit. Das Individualrecht ergibt sich hauptsächlich aus dem

- Arbeitsvertragsrecht, das sich mit der Begründung, dem Inhalt und der Beendigung des Arbeitsverhältnisses befasst, und dem

- Arbeitsschutzrecht, das im öffentlichen Interesse die Vorschriften zum Schutz des Arbeitnehmers umfasst.

Damit diese Freiheit jedoch nicht einseitig ausgenutzt werden kann, schränken rechtliche Bestimmungen diese Vertragsfreiheit ein – das Arbeitsrecht fungiert quasi als ein großes Kontrollsystem für die Vertragsfreiheit.

Welch hohen Stellenwert das Arbeitsrecht hat, lässt sich aus der Tatsache ableiten, dass von den im Jahr 2001 gezählten 15.042 Fachanwälten in Deutschland mehr als ein Viertel (4.414) Experten für Arbeitsrecht waren.

Die Beziehungen zwischen den jeweiligen Gruppierungen von Arbeitgebern (Arbeitgeberverbänden oder einzelnen Arbeitgebern) und Arbeitnehmern (Gewerkschaften und Betriebsräten) werden durch das kollektive Arbeitsrecht geregelt.

Kollektives Arbeitsrecht

Das Tarifvertragsrecht regelt die Rechte der Berufsverbände (Arbeitgeberverbände und Gewerkschaften), während das Mitbestimmungsrecht die Mitwirkung und die Mitbestimmung der Arbeitnehmer auf Betriebsebene definiert.

Bei der Arbeitnehmer-Mitbestimmung auf Betriebsebene, die von mehreren rechtlichen Bestimmungen geregelt wird, kommt dem Betriebsverfassungsgesetz (BetrVG) eine herausragende Stellung zu. Dieses Gesetz stammt aus dem Jahre 1972 und wurde 2001 reformiert (NBetrVG).

Der Arbeitsvertrag

Unter dem Arbeitsvertrag versteht man die rechtliche Grundlage für das Arbeitsverhältnis zwischen Arbeitgeber und Arbeitnehmer.

Dienstvertrag gemäß BGB

Der Arbeitsvertrag ist ein privatrechtlicher Vertrag, dessen Rechtsgrundlage sich aus den allgemeinen Regelungen des BGB und aus den Regelungen zum Dienstvertrag (§§ 611–630 BGB) ergibt.

Für den Arbeitsvertrag gilt Formfreiheit, wobei bestehende Vorschriften beachtet werden müssen. Üblicherweise enthält der Arbeitsvertrag folgende Angaben:

Inhalte des Arbeitsvertrags

- genaue Bezeichnung der Vertragsparteien;

- Vertragsbeginn;

- Tätigkeitsbezeichnung. Hierbei ist zu berücksichtigen, dass das Leistungsspektrum, das der Arbeitgeber fordern kann, zunimmt, je allgemeiner die Definition ausfällt. Wird eine übliche Berufsbezeichnung gewählt, umfasst in diesem Fall das Leistungsspektrum alle Arbeiten, die dem Berufsbild entsprechen;

- Tätigkeitsbeschreibung einschließlich Vollmachten. Möglich ist hierbei jene Klausel, wonach dem Arbeitnehmer auch „andere der Berufserfahrung und Ausbildung entsprechende Aufgaben" übertragen werden können. Hierdurch ist es möglich, den Arbeitnehmer bei Bedarf und ohne Änderungskündigung zu versetzen;

- Vergütung (insbesondere Art, Höhe, Fälligkeit und Auszahlungsweise);

- Sozialleistungen (z. B. Unfallversicherung, Umzugskosten, Dienstwagen);

- Arbeitszeit unter Berücksichtigung rechtlicher Bestimmungen (insbesondere Tarifvertrag und Arbeitszeitgesetz);

- Urlaub unter Berücksichtigung rechtlicher Bestimmungen;

- Arbeitsverhinderung (Krankheit, Tod);

- Wettbewerbsverbot. Dieses Verbot soll verhindern, dass der Arbeitnehmer nach Beendigung des Arbeitsverhältnisses zeitnah eine Tätigkeit bei einem Konkurrenten aufnimmt und auf diese Weise Know-how an diesen weiterreicht;

- Probezeit, die dem gegenseitigen Kennenlernen dient. Regelungen finden sich häufig in den Tarifverträgen;

- Kündigungsfrist bei Beachtung der rechtlichen Bestimmungen;

- Gerichtsstandsklausel, die bei arbeitsrechtlichen Auseinandersetzungen den Gerichtsort bestimmt.

Aus dem Arbeitsverhältnis ergeben sich bestimmte Haupt- und Nebenpflichten für die Vertragsparteien, deren wesentliche Inhalte nachfolgend kurz aufgelistet werden:

	Arbeitgeber	Arbeitnehmer
Hauptpflichten	■ Entgeltzahlung ■ Weisungsrecht	■ persönliche Arbeitsleistung ■ Pflicht zum Gehorsam
Nebenpflichten	Fürsorgepflichten, insbesondere: ■ vertragsgemäße Beschäftigung ■ Urlaubsgewährung ■ Schutz der Gesundheit ■ Schutz der Persönlichkeit und des Eigentums des Arbeitnehmers	Treuepflichten, insbesondere: ■ Verschwiegenheit ■ Unterlassung von Rufschädigung ■ Wettbewerbsverbot ■ Rechenschaft

Pflichten der Vertragspartner

CHECKLISTE: ARBEITSVERTRAG

Frage	ja	nein
Haben Sie den Arbeitsvertrag schriftlich fixiert und alle wesentlichen Inhalte berücksichtigt?	✓	
Ist die Tätigkeitsbezeichnung und -beschreibung richtig (Vorteil der weiten Umschreibung)?		
Wurde der Arbeitsvertrag durch beide Vertragsparteien rechtsgültig unterschrieben?		

Diese Checkliste finden Sie ebenfalls auf Ihrer CD-ROM, sodass Sie sie individuell abändern und ergänzen können.

Den Personalbedarf decken: Personalbeschaffung

Aufgabe der Personalbeschaffung ist es, den Personalbedarf in

- quantitativer,
- qualitativer,
- zeitlicher und
- räumlicher

Hinsicht zu decken. Hauptaufgaben der Personalbeschaffung sind

Haupt-
aufgaben
- die Personalwerbung und
- die Personalauswahl.

Stellt sich im Unternehmen heraus, dass der Personalbestand zur Zielerreichung nicht ausreicht, muss dafür gesorgt werden, dass diese Unterdeckung ausgeglichen wird. Dabei ist zwischen der internen und der externen Personalbeschaffung zu unterscheiden.

Interne und externe Personalbeschaffung

- Bei der internen Personalbeschaffung werden keine neuen Mitarbeiter eingestellt. Vielmehr erfolgt die Bedarfsdeckung durch Mehrarbeit, d. h. eine Verlängerung der vertraglichen Arbeitszeit, oder durch Umverteilung der Aufgaben (Versetzung, Beförderung).

- Bei der externen Personalbeschaffung hingegen werden entweder neue Arbeitnehmer eingestellt oder der Bedarf über den Einsatz temporärer Arbeitskräfte abgedeckt.

Welche der Möglichkeiten vorzuziehen ist, hängt vom konkreten Einzelfall sowie Ihrer grundsätzlichen Personalentwicklungspolitik ab.

Geeignete Arbeitskräfte gewinnen: die Personalwerbung

Ziel der Personalwerbung ist die Gewinnung geeigneter Arbeitskräfte für das Unternehmen. Sie ist auf den externen Arbeitsmarkt gerichtet.

Die indirekte Personalwerbung als Teil der Public Relations bereitet die Grundlage für die konkrete Stellenbesetzung – also die direkte Personalwerbung –vor, denn bei ihr geht es darum, ein positives Image des Unternehmens als Arbeitgeber aufzubauen. In der Folge erhofft man sich ein Ansteigen der Nachfrage unter den Arbeitssuchenden, sodass das Unternehmen den jeweils konkreten Personalbedarf schnell und kostengünstig decken kann.

Indirekte Personalwerbung

Wer eignet sich am besten? Die Personalauswahl

Personalauswahl ist der Versuch, die geeignetste Person aus den zur Auswahl stehenden Bewerbern zur Besetzung einer offenen Stelle zu finden.

Informationen sammeln

Aus Unternehmenssicht sind möglichst viele Informationen über die jeweiligen Bewerber heranzuziehen, um eine möglichst genaue Analyse zu gewährleisten. Bei internen Bewerbern stehen normalerweise bereits viele Informationen zur Verfügung, die im konkreten Gespräch ergänzt werden können. Bei externen hingegen sind Informationen kaum vorhanden, eine Beurteilung somit schwer vorzunehmen. Mithilfe bestimmter Methoden versucht man, dieses Informationsdefizit zu verringern:

Bewerbungs- unterlagen

- In der Regel reicht ein Bewerber seine Bewerbungsunterlagen ein, durch die das Unternehmen einen ersten Eindruck erhält, insbesondere aus Lebenslauf, Zeugnissen und Referenzen. Aber auch die äußere Form und der Umfang der Bewerbungsunterlagen können Aufschluss über die Bewerber geben. Da weitere Prüfungen häufig sehr zeit- und kostenaufwendig sind, dient die Analyse der Bewerbungsunterlagen häufig der Selektion.

Interview

- Die in die engere Wahl kommenden Bewerber werden häufig zu einem Gespräch eingeladen. Hierbei unterscheidet man zwischen dem Einführungs- und dem Einstellungsinterview.
  - Das Einführungsinterview dient zunächst der weiteren Informationsgewinnung und der Bewerber bekommt außerdem weitere Einblicke in das Unternehmen und die Stelle.
  - Das Einstellungsinterview hat zum Ziel, eine Entscheidung über die Einstellung eines Bewerbers zu treffen. Insofern findet diese Art des Interviews normalerweise erst in einer rechten späten Phase des Auswahlprozesses statt. Gesprächsgegenstand sind

häufig auch schon Verhandlungen über die Anreiz- und Beitragsstrukturen.

■ Mithilfe psychologischer Tests versucht man, Persönlichkeits-merkmale messbar zu machen, wobei unterstellt wird, dass zwischen diesen Merkmalen und dem zukünftigen Verhalten ein Zusammenhang besteht. Man unterscheidet allgemeine Leistungstests, Persönlichkeitstests und Intelligenztests.

Testverfahren

■ Das Assessment-Center ist ein standardisiertes Verfahren, bei dem häufig mehrere Bewerber teilnehmen und vielfältige Beurteilungsverfahren (z. B. Interviews, Fallstudien) eingesetzt werden. Aufgrund des hohen zeitlichen Aufwands dauern Assessment-Center häufig ein bis drei Tage.

Assessment-Center

Erfahrungen zeigen, dass die Personalauswahl noch viel zu häufig unstrukturiert und für Dritte nicht nachvollziehbar erfolgt. Hier kann die neue DIN 33430 helfen, die Empfehlungen bzgl. geeigneter Methoden gibt.

DIN 33430

In der folgenden Checkliste finden Sie noch einmal die wichtigsten Aspekte der Personalbeschaffung zusammengefasst. Drucken Sie sie direkt von Ihrer CD-ROM aus und gehen Sie die einzelnen Punkte gewissenhaft durch oder bearbeiten Sie sie gleich an Ihrem PC.

 CHECKLISTE: PERSONALBESCHAFFUNG

Frage	Bemerkung
Was tut Ihr Unternehmen für ein positives Image in der Öffentlichkeit und bei den Zielgruppen?	
Welche Methoden der Personalauswahl stehen Ihrem Unternehmen zur Verfügung?	

Frage	Bemerkung
Wie beurteilen Sie die Kandidaten anhand ihrer Bewerbungsunterlagen?	
Wie beurteilen Sie die jeweiligen Kandidaten hinsichtlich der Merkmale „Leistungsfähigkeit", „Leistungswille", „Entwicklungsmöglichkeit" und „Leistungspotenzial"?	
Welche sonstigen Informationen stehen Ihnen bzgl. der einzelnen Kandidaten zur Verfügung?	
Welchen Gesamteindruck haben Sie von den Kandidaten?	
Haben Sie sich über die Personalauswahl gemäß DIN 33430 informiert?	
Wie könnte die DIN-Norm in Ihrem Unternehmen implementiert werden?	

Mitarbeiter motivieren und entlohnen

Die Personalmotivation hat aus Sicht des Unternehmens die Aufgabe, (potenzielle) Arbeitskräfte zur Teilnahme am und zur Leistungserbringung im Unternehmen zu aktivieren. Es gibt monetäre und nichtmonetäre Anreize, wobei nicht alle Anreize eindeutig einer dieser beiden Kategorien zuzuordnen sind (z. B. ist Aufstieg primär ein nichtmonetärer Anreiz, der jedoch eng mit einer Gehaltserhöhung, also einem monetären Anreiz, verbunden ist).

Monetäre Anreize

Monetäre Anreize bestehen nicht nur aus dem Entgelt, das der Arbeitnehmer für seine Leistung erhält. Es gibt noch viele weitere wichtige Gestaltungsmöglichkeiten.

- Das Entgelt stellt die monetäre Gegenleistung des Unternehmens für die Arbeitskraft des Mitarbeiters dar. Es kann als

  – Zeitlohn (die Entlohnung erfolgt nach der Dauer der Arbeitszeit; der Zeitlohn wird häufig auch als „Gehalt" bezeichnet) oder

  – Leistungslohn (die Entlohnung richtet sich nach der erbrachten Leistung)

  gezahlt werden.

  Entgelt

- Zusätzlich zum Entgelt ist es möglich, einzelne oder alle Mitarbeiter am wirtschaftlichen Erfolg des Unternehmens teilhaben zu lassen (Erfolgsbeteiligung). Dazu wurden viele unterschiedliche Formen entwickelt, z. B. Mitarbeiteraktien oder Optionsscheine. Die Höhe der Erfolgsbeteiligung pro Periode hängt in der Regel von Merkmalen des Arbeitnehmers (z. B. Dauer der Unternehmenszugehörigkeit) und von der Höhe des Unternehmenserfolgs (z. B. Gewinn) ab.

  Erfolgsbeteiligung

- Wichtiger Grundsatz für die betrieblichen Sozialleistungen ist die Sozialgerechtigkeit. Darüber hinaus kann die Ausstattung dazu dienen, das Image des Unternehmens bei potenziellen Mitarbeitern zu fördern bzw. die Attraktivität des Unternehmens steigern. Rechtlich können dabei gesetzliche Regelungen (häufig Minimalleistungen) und sonstige Vereinbarungen unterschieden werden.

  Betriebliche Sozialleistungen

- Das betriebliche Vorschlagswesen soll es dem Mitarbeiter ermöglichen, Leistungen zu erbringen, die über seinen Tätigkeitsbereich hinausgehen. Aus Unternehmenssicht bedeutet das Vorschlagswesen eine Nutzung weiterer Leistungspotenziale, insbesondere des Know-hows der Mitarbeiter zur Verbesserung der Wirtschaftlichkeit. Die Entlohnung richtet sich nach dem Umfang der Leistungserbringung, also nach dem erzielten wirtschaftlichen Nutzen für das Unternehmen.

  Betriebliches Vorschlagswesen

Nichtmonetäre Anreize

Beförderung und Anerkennung

Die nichtmonetären Anreize treten in vielfältiger Form auf (etwa als Beförderung und Anerkennung) und basieren zum überwiegenden Teil auf den sozialen Beziehungen innerhalb des Unternehmens. Sie werden von jedem Mitarbeiter unterschiedlich empfunden und sind daher aus Unternehmenssicht nur schwer einzuschätzen. Um nichtmonetäre Anreize bewusst und zielgerichtet einsetzen zu können, muss ein Unternehmen wissen, ob sie vom jeweiligen Mitarbeiter auch als solche empfunden werden.

Auch zum Thema „Personalmotivation und Entgelt" finden Sie hier – und auf Ihrer CD-ROM – wieder eine Checkliste, die Ihnen die wichtigsten Punkte noch einmal vor Augen führt und Ihnen dabei helfen soll, Ihre eigene Personalpolitik besser einzuschätzen.

 CHECKLISTE: PERSONALMOTIVATION UND ENTGELT

Frage	Bemerkung
Welche monetären Anreize nutzt Ihr Unternehmen zur Motivation des Personals?	
Wie ist die Erfolgsbeteiligung Ihrer Mitarbeiter gestaltet?	
Welche betrieblichen Sozialleistungen stehen in Ihrem Unternehmen zur Verfügung? Können Sie sich weitere Formen der betrieblichen Sozialleistungen vorstellen?	
Wie ist das betriebliche Vorschlagswesen in Ihrem Unternehmen geregelt?	
Welche Anreize sind im Rahmen des betrieblichen Vorschlagswesens vorhanden, um die Arbeitnehmer zur Teilnahme zu bewegen?	

Frage	Bemerkung
Wie beurteilen Sie den Erfolg des betrieblichen Vorschlagswesens in Ihrem Unternehmen?	
Wie beurteilen Sie die verschiedenen nichtmonetären Anreize in Ihrem Unternehmen? Wo sehen Sie Verbesserungsmöglichkeiten?	

Fähigkeiten fördern: Die Personalentwicklung

Unter der Personalentwicklung versteht man eine Förderung der Fähigkeiten der Mitarbeiter, damit diese die aktuellen und zukünftigen Aufgaben erfüllen können. Sie setzt sich zusammen aus

Förderung der Fähigkeiten

- Personalbildung und

- Laufbahnplanung.

Die Personalbildung legt die Maßnahmen fest, die einen Mitarbeiter auf seine Aufgaben vorbereiten sollen. Sie können unterteilt werden in

Personalbildung

- die betriebliche Grundausbildung (Vermittlung von Grundkenntnissen und -fähigkeiten zur Ausübung einer Tätigkeit) und

- die betriebliche Fort- und Weiterbildung.

Von Fortbildung spricht man, wenn das Wissen und die Fähigkeiten einer bereits ausgeübten Tätigkeit aufgefrischt werden, von Weiterbildung, wenn neue Qualifikationen und Fähigkeiten erworben werden, mit denen man eine andere oder höherwertige Tätigkeit ausüben kann.

**Laufbahn-
planung**

Die Laufbahnplanung erfolgt mitarbeiterbezogen: Zur beruflichen Entwicklung eines Mitarbeiters wird der aufgabenbezogene zeitliche und räumliche Einsatz für eine begrenzte Zeitdauer festgelegt.

Wichtig bei der Laufbahnplanung ist die Festlegung von Beförderungskriterien. Da die Laufbahnplanung zeit- und damit kostenintensiv ist, sollten nur solche Mitarbeiter berücksichtigt werden, von denen man ein hohes Potenzial und folglich einen Nutzen für das Unternehmen erwartet.

**Beförderungs-
kriterien**

Als Beförderungskriterien gelten in der Praxis sowohl

- die bisherige persönliche Beitragsleistung des Mitarbeiters als auch

- die Dauer der Unternehmenszugehörigkeit;

beide werden häufig miteinander kombiniert.

Die Personalentwicklung besitzt eine große Bedeutung im Rahmen der Personalpolitik. Häufig ist es jedoch gerade im hoch qualifizierten Bereich nicht möglich, das gewünschte und erforderliche Personal über den externen Arbeitsmarkt zu finden, sodass das Unternehmen auf interne Quellen angewiesen ist. Eine hohe Mitarbeiterqualifikation stärkt zudem die Konkurrenzfähigkeit des Unternehmens.

**Investition in
die Zukunft**

Indes ist Personalentwicklung nicht nur mit hohen Kosten verbunden, sondern auch – als Teil des Anreizsystems – als eine Investition in die Zukunft anzusehen, was bedeutet, dass solche Investitionen nur dann sinnvoll sind, wenn man aus Unternehmenssicht einigermaßen sicher sein kann, dass die geförderten Mitarbeiter im entscheidenden Augenblick nicht das Unternehmen verlassen.

CHECKLISTE: PERSONALENTWICKLUNG

Frage	Bemerkung
Welche Maßnahmen der Personalbildung bestehen in Ihrem Unternehmen?	
Werden mit den Arbeitnehmern mögliche Maßnahmen der Personalbildung besprochen (Fort- und Weiterbildung)?	
Welche internen und externen Träger von Bildungsmaßnahmen sind Ihrem Unternehmen bekannt?	
Besteht in Ihrem Unternehmen eine Laufbahnplanung? Welchen Personenkreis umfasst sie?	
Welche Beförderungskriterien hat Ihr Unternehmen bei der Laufbahnplanung festgelegt?	
Werden die Arbeitnehmer während der Laufbahnplanung in regelmäßigen Abständen beurteilt?	
Erfolgt darüber hinaus eine regelmäßige Einschätzung des Leistungspotenzials der Arbeitnehmer?	

Das Arbeitsverhältnis beenden: Personalfreisetzung

Personalfreisetzung bezieht sich auf die Veränderung oder die Beendigung von Arbeitsverhältnissen. Man unterscheidet grundsätzlich – analog zur Personalbeschaffung – zwischen der

- internen und der
- externen

Personalfreisetzung.

Die interne Personalfreisetzung

Bei der internen Personalfreisetzung wird die personelle Überdeckung durch eine Änderung bestehender Arbeitsverhältnisse ausgeglichen, ohne dass es zu einer Reduktion des Personalbestands kommt. Die wichtigsten Maßnahmen der internen Personalfreisetzung sind:

Versetzung
- Versetzungen von Mitarbeitern: Sie dienen innerhalb des Unternehmens dem Ausgleich lokaler Personalüber- und –unterdeckungen. Aufgrund des Direktionsrechts des Arbeitgebers kann dem Arbeitnehmer ein neuer Arbeitsort, gegebenenfalls auch eine andere Tätigkeit zugewiesen werden.

Änderungs-
kündigung
- Änderungskündigungen: Durch ihren Ausspruch bietet sich dem Arbeitgeber die Möglichkeit, dem Gekündigten die Fortsetzung des Arbeitsverhältnisses unter geänderten Arbeitsbedingungen anzubieten.

Abbau von
Mehrarbeit
- Abbau von Mehrarbeit: Unter Mehrarbeit versteht man die Arbeitszeit, die über die tarifvertraglich vereinbarte, betriebsübliche Arbeitszeit hinausgeht. Durch deren Abbau können Personalüberdeckungen relativ kurzfristig abgebaut werden.

Kurzarbeit
- Kurzarbeit: Darunter versteht man die vorübergehende Verkürzung der betriebsüblichen Arbeitszeit bei entsprechender Minderung des Entgelts in der Absicht, so bald wie möglich wieder zur Normalarbeitszeit zurückzukehren.

Flexibilisierung
der Arbeitszeit
- Flexibilisierung der Arbeitszeit: Das bedeutet, dass innerhalb einer Periode (z. B. ein Jahr) die tägliche, wöchentliche, monatliche oder jährliche Arbeitszeit an den jeweiligen Bedarf angepasst wird.

Die externe Personalfreisetzung

Bei der externen Personalfreisetzung wird die personelle Überdeckung durch eine Reduktion des Personalbestands ausgeglichen. Arbeitsverhältnisse werden beendet und es kommt zum Personalabbau. Folgende Mittel stehen hierbei vorrangig zur Verfügung:

Personalabbau

- Eine Nutzung der natürlichen Fluktuation: Stellen, die z. B. durch Pensionierung, Kündigung oder auch Tod frei geworden sind, werden nicht wieder besetzt.

Natürliche Fluktuation

- Aufhebungsvertrag: Durch einen solchen Vertrag wird der Arbeitsvertrag in beiderseitigem Einvernehmen beendet. Die Aufhebung stellt keine Kündigung dar und ist entsprechend an keine kündigungsrechtlichen Schutzbestimmungen oder Fristen gebunden.

Aufhebungsvertrag

- Vorzeitige Pensionierung: Dabei kann die Pensionierung abrupt (einstufige Pensionierung) oder gleitend (mehrstufige Pensionierung) erfolgen.

Vorzeitige Pensionierung

- Kündigung: Die Kündigung stellt rechtlich eine einseitige, empfangsbedürftige Willenserklärung dar und wird mit ihrem Zugang beim Vertragspartner rechtswirksam. Hauptformen sind dabei die außerordentliche und die ordentliche Kündigung.

Kündigung

Die ordentliche Kündigung ist gegeben, wenn die gesetzlichen, tarif- oder individualvertraglich vereinbarten Kündigungsfristen und -termine beachtet werden.

Ordentliche Kündigung

Bei der außerordentlichen Kündigung erfolgt die Kündigung fristlos. Voraussetzung für dieses Kündigungsverfahren ist das Vorliegen eines wichtigen Grundes (z. B. Diebstahl), wobei die Kündigung innerhalb von zwei Wochen nach Bekanntwerden des Grundes ausgesprochen werden muss.

Außerordentliche Kündigung

CHECKLISTE: PERSONALFREISETZUNG

Frage	Bemerkungen
Ist die von Ihrem Unternehmen geplante Personalfreisetzung wirklich nötig?	
Welche Formen der internen Personalfreisetzung kommen für Ihr Unternehmen infrage?	
Bestehen Möglichkeiten der Urlaubsgestaltung?	
Bestehen Möglichkeiten der Arbeitszeitflexibilisierung?	
Welche Formen der externen Personalfreisetzung kommen für Ihr Unternehmen infrage?	
Kann Ihr Unternehmen die natürliche Fluktuation zur Personalreduzierung nutzen?	
Bestehen Vorruhestandsregelungen?	

Investition und Finanzierung

Um dauerhaft konkurrenzfähig zu bleiben, ist es für ein Unternehmen entscheidend zu investieren, und zwar mit dem Ziel, die bestehende Marktposition im Wettbewerb zu behaupten oder, noch besser, sich gegenüber den Wettbewerbern am Markt einen Vorteil zu verschaffen. Der Nutzen der Investition wird an diesem Ziel gemessen– Investitionen sollen die Wettbewerbsfähigkeit verbessern.

Verbesserung der Wettbewerbsfähigkeit

Investitionen isoliert zu betrachten reicht jedoch nicht aus. Sie sind verbunden mit anderen Investitionen, mit anderen Teilplänen und selbstverständlich mit den Möglichkeiten, sie zu finanzieren.

Worin liegt die betriebswirtschaftliche Brisanz von Investitionen?

- Investitionen binden Kapital. Zur Beschaffung der Investitionsgüter sind finanzielle Mittel erforderlich, die so lange nicht für andere Verwendungen zur Verfügung stehen, bis sie über die Nutzung des Investitionsguts und den Absatz der damit hergestellten Güter wieder an die Unternehmen zurückgeflossen sind. Investitionen binden das Kapital über längere Zeiträume.

Gebundenes Kapital

- Investitionen binden meist große Summen von Kapital. Die erforderlichen finanziellen Mittel beeinflussen den unternehmerischen Entscheidungsspielraum oft nicht unerheblich.

Hohe Summen

- Einmal getroffene Investitionsentscheidungen sind oft gar nicht oder nur unter zusätzlichen Kosten umkehrbar.

Nicht umkehrbar

- Investitionsentscheidungen wirken nicht isoliert, sondern weisen enge Verflechtungen zu allen anderen Teilplänen des Unternehmens auf und ziehen oft weitere Investitionen nach sich.

Enge Verflechtungen

EXPERTEN-TIPP: INVESTITIONSPLANUNG

„Unternehmerischer Instinkt" reicht nicht aus, wenn es darum geht, in welche Wirtschaftsgüter wie viel investiert werden soll. Zwar ist das Gespür ein wichtiger Faktor bei der Entscheidungsfindung, aber jede Investitionsentscheidung sollte auf der Analyse einer Vielzahl von Informationen beruhen und Ergebnis einer exakten Planung sein.

Wieso investiert man?

Maximierung des Endvermögens

Unter finanziellen Gesichtspunkten besteht das Hauptziel eines Unternehmens darin, den Unternehmern heute und künftig ihr Einkommen zu sichern. Ausgedrückt wird das in der Zielstellung der Endvermögensmaximierung. Dieses Ziel der Maximierung des Endvermögens wird ergänzt durch die Notwendigkeit, bereits während der Nutzung des Wirtschaftsguts Auszahlungen in der Höhe zu ermöglichen, die es den Unternehmern gestattet, ihren Lebensunterhalt zu bestreiten.

Prinzipiell wird dann in ein Wirtschaftsgut investiert, wenn damit zu rechnen ist, dass der Ertrag aus dieser Investition höher ist als aus einer alternative Anlagemöglichkeit des betreffenden Kapitals. Dabei ist es zunächst unerheblich, ob es sich um eine Investition in ein Realgut (Maschinen, Anlagen, Gebäude, ...) handelt oder um eine Finanzinvestition. Gemessen wird lediglich der Beitrag der Investition zu den oben genannten Hauptzielen.

Der Anstoß zu Investitionen, die Entscheidung, ob bzw. in welchem Maß und in welche Projekte investiert wird, kann aus vielfältigen Richtungen erfolgen.

Innerhalb des Unternehmens kommen Investitionsanstöße beispiels-weise aus den folgenden Bereichen:

Interne Investitions-anstöße

- Forschungs- und Entwicklungsabteilung (die neue Produkte und Verfahren entwickelt),

- Abteilung für Fertigungsorganisation (durch den Versuch, Fertigungsprozesse zu optimieren),

- internes Rechnungswesen und Controlling (das Kostenentwicklungen beobachtet)

- und in nicht zu unterschätzendem Maß von den Mitarbeitern selbst durch das betriebliche Vorschlagswesen.

Aber auch von außen, etwa durch Marktpartner, Beratungsunternehmen oder den Gesetzgeber in Form von Auflagen können Anregungen zu neuen Investitionen kommen.

Externe Investitons-anstöße

TO DO: FRAGEN ZU IHREM UNTERNEHMEN

- Haben Sie in den letzten Jahren größere Investitionen in Ihre Hauptproduktionslinien/Bereiche der hauptsächlich zu erbringenden Dienstleistungen getätigt?

- Konnte das Unternehmen des Öfteren aufgrund von Kapazitätsproblemen nicht pünktlich liefern oder konnten deshalb Aufträge gar nicht angenommen werden? Waren Lieferfristen nur mit Überstunden einzuhalten? Wenn ja, könnte eventuell mit Erweiterungsinvestitionen Abhilfe geschaffen werden?

- Gab es Probleme in der Abstimmung zwischen einzelnen Stufen der Leistungserstellung, weil die Kapazitäten nicht aufeinander abgestimmt waren?

- Beklagten sich Kunden häufiger über mangelnde Qualität oder fehlende Dienstleistungen? Haben sich Ihre Garantie- und Gewährleistungen erhöht?

■ Haben Sie erhöhte Kosten durch verstärkte Reparaturen, häufige Stillstände von Anlagen oder Ähnlichem zu verzeichnen?

■ Gab es aufgrund externer Kontrollen von Behörden Auflagen oder Strafen/ Bußgelder?

Investitionen stehen an — Wenn Sie diese oder ähnliche Fragen mit Ja beantworten müssen, deutet das darauf hin, dass bei Ihnen gegebenenfalls Investitionen anstehen. Prüfen Sie, ob technische Entwicklungen möglicherweise „verschlafen" werden. Technischer Fortschritt erfolgt in sehr kurzen Phasen. Wird dem nicht gefolgt, läuft das Unternehmen Gefahr, seine Wettbewerbsposition zu verschlechtern.

Auch die nicht optimale Gestaltung technologischer Abläufe kann in diesem Zusammenhang vermutet werden. Demzufolge wären die betrieblichen Prozesse dahin gehend zu überprüfen, ob Investitionen zu einem besseren Preis-Leistungs-Verhältnis, zu einer Stärkung der Marktposition, zu einer Ergebnisverbesserung und damit verbunden zu einer Stärkung der Finanzkraft führen könnten.

Welche Einzelziele werden mithilfe von Investitionen verfolgt?

Ohne sich exakte Ziele zu stellen, ist der Erfolg wirtschaftlicher Tätigkeit nicht messbar. Erfolg ist der Grad und die Art der Zielerreichung. Nicht vorhandene oder nicht genau definierte Ziele verleiten dazu anzunehmen, das Erreichte sei genau das gewesen, was man erreichen wollte.

Die mit Investitionen verbundenen Ziele lassen sich grob wie folgt einteilen:

Einteilung der Ziele —
■ nach dem Zeithorizont in
  – strategische Ziele und
  – operative Ziele;

- nach der Messbarkeit in
  - quantitative Ziele und
  - qualitative Ziele.

Da Investitionen mit langfristigen Entscheidungen verbunden sind, sollen hier nur die langfristigen strategischen und nicht kurzfristige operative Ziele vorgestellt werden.

Strategische Ziele

Strategische Ziele sind langfristige Ziele. Sie betreffen das gesamte Unternehmen und schlagen sich in der Produkt- bzw. Marktstrategie des Unternehmens nieder. Strategische Ziele können beispielsweise sein:

- Einführen neuer Produkte/Sortimente,

- deutliche Kapazitätserweiterungen,

- Investitionen in innovative Produkte und/oder Verfahren,

- Eröffnung von Niederlassungen, neuen Fertigungsstätten usw.

Die mit dem Erreichen strategischer Zielen verbundenen strategischen Investitionen sind von grundlegender Bedeutung für das gesamte Unternehmen. Sie setzen eine fundierte Analyse des Marktes und der Wettbewerbssituation voraus und sollten nur von der obersten Führungsebene des Unternehmens getroffen werden.

Strategische
Investitionen

Quantitative Ziele

Kurzfristige Vorgaben

Quantitative Ziele sind eindeutig messbar. Meist werden sie in finanziellen Größen ausgedrückt. Es handelt sich dabei in der Regel um kurzfristige Vorgaben (bis zu einem Jahr). Quantitative Ziele sind z. B.

- Einsparung von Kosten,

- Erhöhung des Umsatzes,

- Senkung der Ausschussquote oder

- Marktanteilserreichung.

 EXPERTEN-TIPP: ZIELE FORMULIEREN

Wichtig ist, diese Ziele eindeutig und messbar zu formulieren. So ist die Zielstellung „möglichst umfassende Kostensenkung" nicht messbar und damit auch nicht kontrollierbar. Besser wäre an dieser Stelle beispielsweise folgende Formulierung: „Senkung der Betriebskosten um ... Prozent."

Qualitative Ziele

Das Erreichen qualitativer Zielen ist von Natur aus nicht exakt messbar. Trotzdem sind diese sogenannten „weichen Faktoren" häufig von hoher Wichtigkeit. Das wird deutlich, wenn man sich folgende Beispiele qualitativer Ziele ansieht:

Beispiele

- Verbesserung der Kundenorientierung,

- erhöhte Servicequalität,

- verbesserte Beratungsleistungen oder

- Arbeit am Unternehmensimage.

Auch wenn sich qualitative Ziele nicht in exakten Zahlenwerten ausdrücken lassen, so können die Kennzahlen doch als Basis für eine möglichst exakte Erfassung dienen, etwa im Rahmen der Balanced Scorecard (s. auch Seite 33). Nur so können Sie überprüfen, ob sie erreicht wurden.

EXPERTEN-TIPP: HANDEL UND DIENSTLEISTUNG

Insbesondere im Dienstleistungsbereich und im Handel können solche weichen Faktoren entscheidend für das Gewinnen von Marktanteilen sein. Sie sind damit Voraussetzung für das Erreichen vieler exakt messbarer quantitativer Ziele.

Die Planung von Investitionen muss sich aus den Unternehmenszielen ableiten lassen. Beachten Sie insbesondere, welchen Beitrag die Investition zum Erfolg des gesamten Unternehmens leisten kann. Beeinflusst wird die Investitionsplanung weiterhin von der Liquiditätslage des Unternehmens und nicht unerheblich von der Einschätzung des mit den Investitionen verbundenen Risikos. Investitionsentscheidungen sind an die Einschätzung künftiger Ein- und Auszahlungen gebunden, die der Investor nur begrenzt selbst beeinflussen kann.

Anhand der folgenden Checkliste können Sie überprüfen, ob Sie bzgl. der Investitionsziele auch wirklich an alles gedacht haben, z. B. was die Formulierung und die Information Ihrer Mitarbeiter angeht. Auch diese Checkliste finden Sie selbstverständlich wieder auf Ihrer CD-ROM.

CHECKLISTE: INVESTITIONSZIELE

Frage	ja	nein
Haben Sie Ziele für Ihr Unternehmen formuliert?	✓	
Bauen diese Ziele auf langfristigen strategischen Überlegungen auf?		
Kennen Ihre Mitarbeiter diese Ziele?		
Haben Sie geprüft, welche Mittel zur Zielerreichung erforderlich sind?		
Sind die Ziele so gestaltet, dass konkrete Maßnahmen daraus ableitbar sind?		
Lassen sich aus diesen Maßnahmen konkrete Investitionen ableiten?		

Was sind die häufigsten Fehler bei der Planung von Investitionen?

Investitionen sind eine Wette auf die Zukunft. Diese Zukunft ist mit Unsicherheit verbunden. Unsicherheit bedeutet Risiko, aber auch Chance. Als Chance kann man Unsicherheit insbesondere dann begreifen, wenn man künftige Entwicklungen besser als die Mitbewerber einzuschätzen vermag. Dieses Ziel haben alle entscheidungsverantwortlichen Führungskräfte in der Wirtschaft. Die Gründe, warum nicht alle zu richtigen Einschätzungen und Entscheidungen kommen, liegen u. a. auch darin, dass immer wieder Fehler hinsichtlich der Investitionsplanung gemacht werden, vor allem:

Technik-
verliebte
Detailplanung

■ Technische Möglichkeiten verleiten dazu, diese bis ins Detail zu planen und ihnen Nutzwerte zuzuschreiben, die für das konkrete Unternehmen gar nicht gegeben sind. Dieses Problem tritt vor allem dann auf, wenn die Planung der Investitionen allein technischen Abteilungen überlassen wird und die kaufmännische Aufgabe lediglich darin besteht, einen vorgegebenen Kapitalbedarf zu decken, ohne aktiv in die Investitionsplanung einzugreifen.

■ Unabhängig davon, dass geplante oder zugesicherte technische Parameter möglicherweise nicht erreicht werden, gibt es auch das Phänomen der geschönten Berechnung wirtschaftlicher Kenngrößen. Es tritt insbesondere dann auf, wenn die Entscheidung über eine Investition eigentlich schon gefallen ist und nur noch im Nachgang legitimiert werden soll. Investitionen werden ökonomisch begründet unter der Annahme, dass alle möglichen Parameter bestmöglich erfüllt werden. Die Wirtschaftspraxis ist aber dadurch gekennzeichnet, dass viele Parameter und ihre Wechselwirkungen ex ante nicht erkannt werden (können). Dieser Unsicherheit kann man durch fundierte Marktinformationen und das Berechnen des „worst case" und des „best case" zumindest teilweise begegnen.

Zu optimistische Rechnungen

■ Häufig werden Nebenkosten nicht berücksichtigt bis hin zum Außerachtlassen erforderlicher Folgeinvestitionen (Sekundärinvestitionen). Auch der Anlaufaufwand bis zum Erreichen der vollen Leistungsfähigkeit, das Einarbeiten und die Schulung von Mitarbeitern, fehlendes Know-how zur Bedienung und die erforderliche Veränderung organisatorischer Abläufe gehören in diese Kategorie.

Nichtbeachten relevanter Einflussgrößen

■ Das Problem nicht zielgerichteter Kleinivestitionen tritt häufig dann auf, wenn die Entscheidungen über Investitionen von verschiedenen Hierarchieebenen im Unternehmen getroffen werden. Investitionen werden nicht aufeinander abgestimmt, größere Investitionen auf spätere Zeitpunkte verschoben usw. Oft ist das Ergebnis, das mit einer Vielzahl von Kleininvestitionen erreicht werden kann, geringer als das Ergebnis einer gut geplanten

Nicht zielgerichtete Kleininvestitionen

größeren Investition. Abhilfe bietet ein straff organisiertes Investitionsmanagement.

Prestige vor Nutzen

■ Das Ziel von Investitionen wurde weiter oben dargestellt. Überdimensionierte Firmengebäude, repräsentative Fahrzeuge, aber auch überzogenes Sponsoring können zwar zu einem Prestigegewinn führen, sind meist aber ohne messbares wirtschaftliches Ergebnis oder gar kontraproduktiv. Investitionen müssen nach objektiven Maßstäben beurteilt werden, nicht nach einer oberflächlichen Außenwirkung ohne Effekt für das Unternehmen.

Welche Entscheidungen sind zu treffen?

Im Zusammenhang mit Investitionen treten vor allem zwei Entscheidungstypen auf:

■ Auswahlentscheidungen und

■ Investitionsdauerentscheidungen.

Auswahlentscheidungen

Bei den Auswahlentscheidungen geht es um die (Aus-)Wahl zwischen mindestens zwei Alternativen, die sich gegenseitig ausschließen.

 TO DO: AUSWAHLENTSCHEIDUNGEN

■ Als Investor stehen Sie zunächst vor der Entscheidung: Durchführung der geplanten Investition oder Investition in eine andere (risikolose) Kapitalanlage, sodass die geplante Investition unterbleibt (Unterlassungsalternative)?

■ Haben Sie sich zur geplanten Investition entschlossen, müssen Sie prüfen, welche Alternative von mehreren möglichen Investitionen die wirtschaftlich sinnvollste ist.

Die bezüglich der Investitionsdauerentscheidungen zu treffenden Entscheidungen beziehen sich vor allem auf folgende Punkte:

Investitionsdauerentscheidungen

- Wann ist der beste Investitionszeitpunkt?

- Wie ist die optimale Nutzungsdauer des Investitionsprojekts?

- Wann ist der optimale Zeitpunkt, ein laufendes Investitionsprojekt durch ein neues zu ersetzen?

- Wann ist der optimale Zeitpunkt, das Investitionsobjekt zu verkaufen?

Welche Verbindung besteht zwischen Investition und Finanzierung?

Investition als Mittelverwendung setzt die Beschaffung von Finanzmitteln voraus. Andererseits muss Mittelbeschaffung grundsätzlich Mittelverwendung nach sich ziehen. Aber nicht jede Mittelbeschaffung zieht eine Investition nach sich (z. B. Beschaffung von Liquidität über Kontokorrentkredite). Durch Investitionen werden zunächst finanzielle Mittel gebunden. Der Rückfluss dieser Mittel erfolgt

Beschaffung und Verwendung finanzieller Mittel

- durch den Verkauf der hergestellten Produkte und Dienstleistungen (also den Umsatz) oder

- durch den einmaligen Verkauf von Vermögensteilen, beispielsweise von nicht mehr benötigten Maschinen und Anlagen.

Bezeichnet wird dieser Prozess als Desinvestition, und zwar als

Desinvestition

- laufende Desinvestion (über den Umsatz) oder als

- einmalige Desinvestition (über den Verkauf).

EXPERTEN-TIPP: NACHFOLGELASTEN BEI VERKAUF

Der Verkauf von Vermögensteilen muss nicht unbedingt zu Netto-Einnahmen führen, insbesondere wenn man die Aufwendungen für Stilllegungen, Abriss, Nachfolgelasten usw. bedenkt. Eventuell sind sogar neue Investitionen erforderlich, um die Aussonderung zu bewerkstelligen.

In welcher Höhe kann ein Unternehmen investieren?

Kapital steht nicht unbegrenzt zur Verfügung, es ist wirtschaftlich gesehen knapp. Grundsätzlich ist deshalb zu klären:

Grundsätzliche Fragen

- Stehen finanzielle Mittel in der erforderlichen Höhe bereit?
- Stehen die Mittel zum entsprechenden Zeitpunkt bereit?
- Mit welchen Aufwendungen ist die Beschaffung der finanziellen Mittel verbunden?
- Gibt es Vorgaben oder Einschränkungen hinsichtlich der Kapitalstruktur in der Bilanz?

Insbesondere der letztgenannte Punkt bedarf der Erläuterung: Je nach den konkreten Voraussetzungen stehen Unternehmen vor zwei prinzipiellen Fragestellungen:

- Wie viel Mittel stehen dem Unternehmen für Investitionen zur Verfügung?
- Aus welchen Quellen kann eine Investition mit gegebenem Umfang finanziert werden?

Bilanzstruktur

Beide Fragen sind zwei Seiten ein und derselben Medaille. Jedesmal geht es darum, Investitionen mit Finanzierungsmöglichkeiten in Übereinstimmung zu bringen und dabei Restriktionen hinsichtlich bilanzieller Strukturen zu beachten.

So ist es nicht unüblich, dass eine Bank nur bereit ist, weitere Kredite zu geben, wenn die Eigenkapitalquote ein bestimmtes Maß nicht unterschreitet. Aber auch Gesellschafter sind häufig daran interessiert, dass der Anteil der Fremdfinanzierung nicht zu hoch wird.

Da das Eigenkapital bekannt ist (Summe des gezeichneten Kapitals und der Rücklagen), lässt sich daraus die Bilanzsumme errechnen, bei der diese Bedingung gerade noch erfüllt wird. Indem man von dieser Bilanzsumme das geplante Umlaufvermögen, das bilanzierte Anlagevermögen und bereits geplante und genehmigte Investitionen subtrahiert und die Jahresabschreibungen addiert, erhält man die mögliche Investitionssumme (Investitionsbudget).

Investitionsbudget

PRAXIS-BEISPIEL: INVESTITIONSBUDGET

Die geforderte Eigenkapitalquote sei mindestens 10 % der Bilanzsumme. Das vorhandene Eigenkapital beträgt 100 T€, das geplante Umlaufvermögen 350 T€ und das bilanzierte Anlagevermögen 600 T€. Abschreibungen fallen in Höhe von 50 T€ an.

Sind 100 T€ Eigenkapital 10 % der Bilanzsumme, beträgt diese 1.000 T€.

Bilanzsumme	1.000 T€
– bilanziertes Anfangsvermögen	600 T€
– geplantes Umlaufvermögen	350 T€
+ Abschreibungen	50 T€
= Investitionsbudget	100 T€

Muss mehr als die o. g. Summe von 100 T€ investiert werden, ist das unter Einhaltung der vorgegebenen Eigenkapitalquote nur möglich, wenn zusätzliches Eigenkapital zugeführt wird.

Wenn größere Investitionen erforderlich sind, die diese Verhältnisse sprengen würden, sind sie anteilig aus Eigen- und Fremdkapital (Kredit) zu finanzieren. Dies ist in der Praxis der übliche Fall.

Es ist aber noch eine weitere Frage zu klären: Reicht der finanzielle Spielraum aus, um den Kapitaldienst (Zins und Tilgung) für diese Investitionsmaßnahme zu erbringen?

Aufgenommenes Fremdkapital ist zu verzinsen und zurückzuzahlen. Zinsen und Tilgung führen zu Auszahlungen aus dem Unternehmen, die durch Einzahlungen kompensiert, also erwirtschaftet werden müssen.

 EXPERTEN-TIPP: VERZINSUNG DES EIGENKAPITALS

Auch Eigenkapitalgeber erwarten eine angemessene Verzinsung (Rendite) des von ihnen eingebrachten Eigenkapitals. Für die Liquiditätsrechnung kann diese Größe jedoch zunächst außer Acht gelassen werden, da daraus keine unmittelbaren Auszahlungen aus dem Unternehmen erfolgen. Beachten Sie jedoch prinzipiell, dass dauerhaft einem Unternehmen nur dann Beteiligungskapital zur Verfügung gestellt wird, wenn dadurch höhere Beträge erwirtschaftet werden als bei einer alternativen (mit weniger Risiken behafteten) Anlage.

Reichen die Einzahlungen? Einzahlungen entstehen vornehmlich durch den normalen Umsatz. Nun müssen Sie überprüfen, ob diese Einzahlungen aus Umsatz nach Abzug der Kosten und eines geplanten Gewinns ausreichen, den Kapitaldienst zu erbringen:

Umsatz des Jahres
– Kosten des Jahres
– geplanter Gewinn des Jahres
= im geplanten Jahr zur Deckung
   des Kapitaldienstes zur Verfügung stehender Betrag

PRAXIS-BEISPIEL: KAPITALDIENST

Angenommen, Sie möchten eine Investition von 500.000 € vollständig aus Kreditmitteln finanzieren, für die die Bank einen Zins von 8 % im Jahr und eine Tilgung von 10 % verlangt. Sie müssen in diesem Fall aus Ihren Gewinnen einen Kapitaldienst von 90.000 € im Jahr erbringen können. Das sind immerhin 7.500 € im Monat.

Sind Sie dazu nicht in der Lage, können Sie die Investition nicht in der vorgesehenen Form tätigen. Sie würde zur Illiquidität führen, auch wenn sie gegebenenfalls für sich genommen sinnvoll wäre.

Zusammenfassend nochmals die wichtigsten Schritte. Versuchen Sie, die Fragen nicht nur mit Ja bzw. Nein zu beantworten, sondern schreiben Sie die wesentlichen Inhalte in Stichworten auf. Dabei kann es hilfreich sein, wenn Sie die Checkliste von Ihrer CD-ROM in Ihre Textverarbeitung übernehmen.

 CHECKLISTE: AUSWAHL VON INVESTITIONSPROJEKTEN

Frage	ja	nein
Steht die Investition in Übereinstimmung mit Ihren Unternehmenszielen?	✓	
Führt die Investition zu einem zusätzlichen Nutzen für das Unternehmen? ■ Kostensenkung ■ Kapazitätserhöhung ■ Sonstige		

Frage	ja	nein
Lässt sich dieser Nutzen in einem Wettbewerbsvorteil ausdrücken? ■ Besseres Preis-Leistungs-Verhältnis für den Kunden ■ Vorteile in der Qualität ■ Spezielle Kundenwünsche besser erfüllt ■ Sonstige		
Haben Sie Zusammenhänge zu anderen Projekten beachtet?		
Führt die Investition zu zusätzlichen Aufwendungen, die nicht in der Nutzensrechnung beachtet wurden?		
Haben Sie bei der Auswahl der Entscheidungskriterien auf ein ausgewogenes Verhältnis zwischen technischen und kaufmännischen Kriterien geachtet?		
Reichen die verwendeten Informationen aus oder gibt es noch Einflussgrößen, die vielleicht nicht beachtet wurden?		
Ist die Finanzierung gesichert, und zwar hinsichtlich der Höhe und hinsichtlich der Zeitpunkte?		
Wurden Vorgaben hinsichtlich der Kapitalstruktur eingehalten?		
Ist der Kapitaldienst zu erbringen?		

Methoden zur Beurteilung von Investitionen

Herr Schall ist zuständig für die Beurteilung von Investitionsvorschlägen in der Schall & Rauch GmbH. Die einzelnen Abteilungen leiten ihm ihre Investitionswünsche zu, die er beurteilen und bei positivem Urteil genehmigen muss. Dazu nutzt er ein Investitionsrechnungsprogramm, das ihm nach Eingabe einiger Eckdaten eine Zahl, bezeichnet mit „interner Zinsfuß", berechnet. Da sich Herr Schall nicht genau im Klaren darüber ist, was diese Zahl eigentlich aussagt, beschließt er, sich mit der Problematik der Investitionsrechnung näher zu befassen.

Qualitative Verfahren

Nicht alle Kriterien, nach denen man eine Investition bewertet, lassen sich mit Geldbeträgen beschreiben. Vielmehr drücken sie den ganz speziellen Wert eines Investitionsobjekts für das Unternehmen aus.

Bei der Standortwahl ist die Verkehrsanbindung von großer Bedeutung. Die Nähe zur Autobahn, die Qualität der Straßen oder die staugefährdeten Abschnitte lassen sich aber nicht in Geld messen. Demzufolge muss der qualitative Faktor „Verkehrsanbindung" in anderer Weise bewertet werden.

So wie das Bewertungskriterium „Verkehrsanbindung" können auch noch eine Vielzahl anderer Kriterien bei der Auswahl eines Investitionsprojekts eine Rolle spielen:

- Wirtschaftliche Kriterien
  - Zinsrisiko
  - Lieferzeiten
  - Zuverlässigkeit und Bonität des Lieferanten
  - Personal (in entsprechender Qualifikation) ...

- Technische Kriterien
  - Störanfälligkeit
  - Transport- und Lagermöglichkeiten ...
- Soziale und rechtliche Kriterien
  - Arbeitsmonotonie
  - Unfallverhütungsvorschriften
  - vorhandene Rechte, Lizenzen, Patente
  - Ästhetik ...

Nutzwert-analyse   Ziel der qualitativen Verfahren ist es, diese subjektiv beurteilten Werte einer Investition hinsichtlich des Erreichens bestimmter mit der Investition verbundener Ziele zu erfassen. Ein etabliertes Verfahren ist die Nutzwertanalyse. Sie läuft in folgenden Schritten ab:

 TO DO: NUTZWERTANALYSE

- Geeignete Bewertungskriterien bestimmen
- Gewichtungsfaktoren für die einzelnen Kriterien ableiten
- Alternativen hinsichtlich der Erfüllung dieser Kriterien bewerten
- Nutzwert der Alternativen ermitteln
- Investitionsvorhaben nach Nutzwerten reihen

Bei der Bestimmung der Kriterien beachten Sie folgende Anforderungen:

- Formulieren Sie die Kriterien genau – nicht zu allgemein und nicht mehrdeutig.

- Ordnen Sie die Kriterien hierarchisch nach Haupt- und Nebenkriterien.

- Unterschiedlichkeit der Kriterien: Mehrere Kriterien dürfen sich nicht auf die gleichen Eigenschaften beziehen – das würde zu Verzerrungen führen.

- Unabhängigkeit – die Realisierbarkeit des einen Kriteriums darf nicht das Erreichen eines anderen Kriteriums zwingend voraussetzen.

Bewertungskriterien bestimmen

Achten Sie bei der Einschätzung der Beurteilungskriterien darauf, dass sie unterschiedlich wichtig für das Erreichen des Gesamtziels sind. Sie müssen gewichtet werden. So ist beispielsweise für die Entscheidung über den Kauf eines Autos das Ladevolumen oder das Vorhandensein bestimmter technischer Details tendenziell wichtiger als die Farbe des Wagens. Trotzdem geht auch sie in die Bewertung bei einer Kauf-(Investitions-)Entscheidung mit ein, wenn auch mit niedrigerer Gewichtung.

Gewichtungsfaktoren ableiten

Beurteilen Sie, inwieweit die zur Auswahl stehenden Projekte die durch die Kriterien gestellten Anforderungen erfüllen. Das Erreichen des Kriteriums muss messbar sein, entweder in Ja-Nein-Form oder, besser, in Form einer Skalierung, die das Maß des Erreichens festlegt.

Alternativen bewerten

Die Nutzwerte werden nun bestimmt durch folgende Formel:

Nutzwert ermitteln

$$N_i = \Sigma A_{ij} \times E_{ij}$$

N_i = Nutzwert des Objekts i; A_{ij} = prozentualer Anteil des Kriteriums j bei der Beurteilung des Objekts i; E_{ij} = Grad der Erfüllung des Kriteriums j bei der Beurteilung des Objekts i

Vor- und
Nachteile

Die Vorteile der Nutzwertanalyse liegen in ihrer leichten Handhabbarkeit und der Möglichkeit, die Bewertungskriterien individuell zusammenzustellen. Diese Individualität kann aber zum Nachteil werden, wenn Subjektivismen bei der Kriterienauswahl und der Bewertung überhand nehmen.

Anwendung
qualitativer
Verfahren

Angewendet werden qualitative Verfahren meist, wenn eine große Anzahl alternativer Investitionsprojekte zur Auswahl steht und bereits in einem ersten Schritt diese Vielzahl von Möglichkeiten auf ein überschaubares Maß reduziert werden soll. Als nächstes erfolgt deshalb meist eine Investitionsrechnung nach den im folgenden Abschnitt vorgestellten quantitativen Methoden. Auch bei sehr unterschiedlichen Bewertungskriterien und bei hoher Ungewissheit sind qualitative Verfahren geeignet.

Quantitative Verfahren

Investitions-
rechnungs-
verfahren

Mit quantitativen Verfahren zur Beurteilung von Investitionen wird das Ziel verfolgt, die Rentabilität der Investition zu ermitteln. Es gilt festzustellen, ob sich das durch die Investition gebundene Kapital im Vergleich zu einer alternativen Anlagemöglichkeit ausreichend verzinst. Diese Verfahren werden auch als Investitionsrechnungsverfahren bezeichnet.

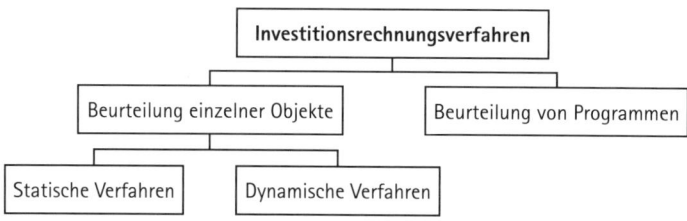

Im Folgenden konzentrieren wir uns auf die Beurteilung einzelner Investitionsobjekte. Damit werden die wechselseitigen Beziehungen, die zwischen verschiedenen Investitionsprojekten bestehen, ebenso außer Acht gelassen wie die Verbindung zu Finanzierungsmöglichkeiten und anderen Teilplänen. Auf diese Weise wird die Berechnung vereinfacht. Sinnvoll ist dieses Vorgehen dann, wenn man z. B. mithilfe der Nutzwertanalyse vorausgewählte Investitionsvorschläge vergleichen und damit in eine Reihenfolge ihres Nutzens für das Unternehmen bringen möchte.

Beurteilung einzelner Investitionsobjekte

Verfahren der statischen Investitionsrechnung

In der Praxis haben sich folgende vier Verfahren herausgebildet:

- Kostenvergleichsrechnung
- Gewinnvergleichsrechnung
- Rentabilitätsvergleichsrechnung
- Amortisationsvergleichsrechnung

Vier Verfahren

Gemeinsam ist ihnen, dass die zeitliche Struktur, also die Frage, wann Ein- oder Auszahlungen im Zusammenhang mit der Investitionsmaßnahme erfolgen, nicht berücksichtigt wird. Stattdessen werden durchschnittliche Größen in die Betrachtung einbezogen und somit der Erfolg einer (fiktiven) durchschnittlichen Periode berechnet. Als Periode wird klassischerweise ein Geschäftsjahr betrachtet.

Durchschnittliche Erfolgsgrößen

Bei der Kostenvergleichsrechnung werden alle im Zusammenhang mit der Investition anfallenden Kosten erfasst. Dazu gehören einerseits die laufenden Betriebskosten, andererseits auch kalkulatorische Kosten (Abschreibungen).

Kostenvergleichsrechnung

EXPERTEN-TIPP: KOSTENVERGLEICHSRECHNUNG

Wähle die Investition mit den minimalen durchschnittlichen Kosten!

Zur Anwendung dieser Methode müssen die Kapazitäten der zu vergleichenden Investitionsprojekte bekannt sein. Stimmen die Kapazitäten, also die technisch mögliche Anzahl der mit den zu vergleichenden Investitionsobjekten herzustellenden Güter, nicht überein, müssen nicht die absoluten Kosten, sondern die Einheitskosten (Kosten pro Stück, pro Tonne, pro m³, ...) miteinander verglichen werden. Üblich ist diese Methode immer dort, wo einzelnen Investitionsgütern keine Einzahlungen (Einnahmen) zugeordnet werden können, beispielsweise bei der Entscheidung über die Anschaffung von Geräten in der Verwaltung (Kopierer, Drucker usw.).

Für Investitionsgüter im Hauptprozess eines Unternehmens ist diese Methode nicht geeignet, da nicht berechnet wird, ob die Anlage überhaupt Gewinn abwirft.

Gewinn-
vergleichs-
rechnung
Bei der Gewinnvergleichsrechnung werden die mit dem Investitionsprojekt erwirtschafteten Erlöse mit in die Betrachtung einbezogen. Ein Investitionsprojekt ist demnach dann sinnvoll, wenn es ein positives Ergebnis erwirtschaftet.

 EXPERTEN-TIPP: GEWINNVERGLEICHSRECHNUNG

Wähle die Investition mit dem maximalen durchschnittlichen Gewinn!

Eine Vergleichbarkeit ist jedoch nur dann gewährleistet, wenn die Investitionsgüter die gleiche Nutzungsdauer haben und den gleichen Kapitaleinsatz erfordern. Problematisch ist, dass durch die Durchschnittsbildung steigende Reparaturkosten und damit sinkende Gewinne gegen Ende der Nutzungsdauer nicht angemessen berücksichtigt werden.

Bei der Rentabilitätsvergleichsrechnung wird berücksichtigt, dass Investitionen unterschiedlich viel Kapital binden. Dabei werden sowohl das eingesetzte Eigenkapital als auch Fremdkapital (Kredite) berücksichtigt. Rentabilität ist das Verhältnis vom erzielten Überschuss aus der Kapitalnutzung zum eingesetzten Kapital. Der Überschuss aus eingesetztem Eigenkapital ist der Gewinn; der Überschuss, der aus Fremdkapital erzielt wird, sind die Fremdkapitalzinsen. Daraus ergibt sich die allgemeine Formel zur Gesamtkapitalrentabilität $r_{(GK)}$:

Rentabilitätsvergleichsrechnung

$$r_{(GK)} = \frac{\text{Gewinn} + \text{Fremdkapitalzinsen}}{\text{Eigenkapital} + \text{Fremdkapital}}$$

EXPERTEN-TIPP: RENTABILITÄTSVERGLEICHSRECHNUNG

Wähle die Investition mit der maximalen durchschnittlichen Rentabilität des eingesetzten Kapitals!

Häufig wird diese Methode angewendet, um einen Vergleich der Rentabilität eines Investitionsvorhabens mit einer vom Investor vorgegebenen Mindestrendite durchzuführen. Diese Mindestrendite orientiert sich an alternativen Anlagemöglichkeiten. Die damit verbundene Fragestellung lautet: Ist es sinnvoller, das Kapital anderweitig anzulegen, weil ich dort einen bestimmten Zinssatz erzielen kann? Ist dieser Zinssatz höher als die mit der Investition verbundene Rentabilität, sollten Sie aus wirtschaftlichen Gründen auf die Investition verzichten.

Bei der Amortisationsvergleichsrechnung wird folgende Frage untersucht: Nach welchem Zeitraum stehen die investierten Mittel wieder für neue Investitionen zur Verfügung? Damit wird der Zeitpunkt be-

Amortisationsvergleichsrechnung

rechnet, an dem die addierten Einzahlungsüberschüsse größer werden als die Auszahlung für die Anschaffung des Investitionsguts. In ihrer einfachsten Form lautet die Berechnungsvorschrift:

$$\text{Amortisationsdauer in Jahren} = \frac{\text{Ursprünglicher Kapitaleinsatz}}{\text{Rückfluss pro Jahr}}$$

Hier ein Berechnungsbeispiel:

 PRAXIS-BEISPIEL: AMORTISATIONSDAUER

Werden für ein Investitionsvorhaben 500.000 € ausgegeben, hat es sich nach vier Jahren amortisiert, wenn durch diese Investition jährliche Überschüsse von 125.000 € erwirtschaftet werden.

 EXPERTEN-TIPP: AMORTISATIONSVERGLEICHSRECHNUNG

Wähle die Investition mit der kürzesten Amortisationsdauer!

Zu beachten ist, dass eine kurze Amortisationsdauer nicht unbedingt hohe Rentabilität bedeuten muss. In die Entscheidungsfindung sind also mehrere Faktoren einzubeziehen.

Verfahren der dynamischen Investitionsrechnung

Diese Verfahren lassen sich grob in

- tabellenorientierte Verfahren und
- formelorientierte Verfahren

einteilen.

Bei den tabellenorientierten Verfahren (z. B. dem „vollständigen Finanzplan") werden sämtliche mit der Investition im Zusammenhang stehende Zahlungen in einer Tabelle erfasst und mit ihren Auswirkungen insbesondere hinsichtlich der Verzinsung berechnet. Aufgrund der Schwierigkeit, diese Zahlungen im Voraus zu bestimmen, wird auf weitere Ausführungen dazu verzichtet.

Tabellen-orientierte Verfahren

Die formelorientierten Verfahren gehören zu den finanzmathematischen Methoden. Zumindest die im Folgenden vorgestellten Verfahren lassen sich aber mit den vier Grundrechenarten leicht bewältigen. Auf die Herleitung von Formeln haben wir aus Gründen der Praktikabilität verzichtet.

Formel-orientierte Verfahren

Merkmal dieser Verfahren ist, dass sie die Zeitpunkte der Ein- und Auszahlungen berücksichtigen.

Die Kapitalwertmethode

Es ist offensichtlich, dass für ein Unternehmen eine Einzahlung um so weniger wert ist, je weiter sie in der Zukunft liegt (bis dahin muss das Unternehmen sich anderweitig mit Kapital versorgen und dafür Zinsen zahlen). Genauso ist eine Auszahlung um so belastender, je näher sie am gegenwärtigen Zeitpunkt liegt. Um die Vergleichbarkeit von Zahlungen zu verschiedenen Zeitpunkten herzustellen, werden sie mit einem Kalkulationszinsfuß auf den Zeitpunkt der Untersuchung abgezinst. Zur Berechnung des Bar- bzw. Kapitalwerts hier ein kleines Beispiel:

Bar- oder Kapitalwert

PRAXIS-BEISPIEL: BAR- UND KAPITALWERT

Kalkulationszinsfuß i = 0,1 (entspr. 10 %)

Einzahlung in einem Jahr: 110 €

Berechnung des Barwerts (Kapitalwerts) der Einzahlung:

$$K_0 \quad = \quad EZ\,(t_1) : (1+ i)$$

Dabei ist K_0 = Kapitalwert; $EZ(t_1)$ = Einzahlung zum Zeitpunkt t_1, das heißt in einem Jahr; i = Kalkulationszinsfuß.

Da die Einzahlung erst in einem Jahr erfolgen wird, hat sie, bezogen auf den heutigen Zeitpunkt, nach obiger Berechnungsvorschrift nur einen Kapitalwert von 100 € (110 : 1,1= 100).

Auf diesem Prinzip des Abzinsens auf den Kapitalwert beruhen alle Verfahren der dynamischen Investitionsrechnung. Voraussetzung für solcherart Investitionsrechnungsverfahren sind allerdings einige Annahmen. Es handelt sich dabei um Vereinfachungen, die in der Praxis nicht in dieser Form auftreten, die die Rechnung aber erst möglich machen.

Voraus-
setzungen

Insbesondere wird vorausgesetzt, dass

- alle Ein- und Auszahlungen mit Sicherheit vorausgesagt werden können,

- Finanzmittel in theoretisch unbegrenzter Höhe zur Verfügung stehen, lediglich der Zinssatz ist zu beachten,

- überschüssige Finanzmittel zum gleichen Zinssatz angelegt werden können,

- dieser Zinssatz sich während des Zeitverlaufs der Investition nicht ändert.

Da diese Vereinfachungen bei allen zu untersuchenden Investitionsvorhaben gleichermaßen gelten, sind die damit verbundenen Ungenauigkeiten hinnehmbar.

Der Kalkulationszinsfuß i wird durch den Investor festgelegt und entspricht seinen Erwartungen an die Kapitalverzinsung. Er setzt sich im Wesentlichen zusammen aus dem Marktzins, den der Investor für die Beschaffung von Kapital zahlen muss, und der Gewinnerwartung des Investors.

Kalkulationszinsfuß

EXPERTEN-TIPP: KALKULATIONSZINSFUß

Der Kapitalwert hängt entscheidend von der Wahl des Kalkulationszinsfußes ab. Je nachdem, ob Sie in der Lage sind, sich Fremdkapital mehr oder weniger günstig zu beschaffen, und wie hoch Ihre Renditeerwartungen sind, kann eine Investition wirtschaftlich vorteilhaft sein oder auch nicht.

Der Kapitalwert eines Investitionsvorhabens ergibt sich also aus der Summe der Kapitalwerte aller Einzahlungen und der Kapitalwerte aller Auszahlungen. Auszahlungen werden dabei mit einem negativen, Einzahlungen mit einem positiven Vorzeichen versehen.

Die Berechnung erfolgt nach folgender Formel:

$$K_0 = \sum \frac{EZÜ_t}{(1+i)^t} - a_0$$

K_0 = Kapitalwert $EZÜ_t$ = Einzahlungsüberschüsse in der Periode t
a_0 = Anfangsauszahlung, d. h. die Summe, die für die Investition aufgewendet wird.

Ein Kapitalwert von 0 bedeutet, dass die vom Investor vorgegebene Mindestverzinsung gerade erreicht wurde. Ist der Kapitalwert positiv, verzinst sich das Kapital höher, es wird also ein Vermögenszuwachs erreicht. Bei negativem Kapitalwert konnte die Verzinsung nicht erreicht werden, im Verhältnis zum Marktzins wurde Kapital vernichtet.

PRAXIS-BEISPIEL: KAPITALWERTBERECHNUNG

Eine Investitionsmaßnahme sei durch folgende Ein- und Auszahlungen (in T€) gekennzeichnet:

	t_0	t_1	t_2
Anschaffungsauszahlung	– 1.000		
Umsatzerlöse		+ 1.150	+ 1.100
laufende Auszahlungen *)		– 500	– 520
Einzahlungsüberschuss	– 1.000	+ 650	+ 580

*) für Material, Personal, Verwaltung, ... im Zusammenhang mit dieser Investition

Der Kalkulationszinsfuß i beträgt 0,1 (10 %).

Damit lässt sich der Kapitalwert wie folgt berechnen:

$$K_0 = \frac{650\ T€}{1,1^1} + \frac{580\ T€}{1,1^2} - 1.000\ T€ = 70,25\ T€$$

Mithilfe der Kapitalwertberechnung können Sie einerseits feststellen, ob ein Investitionsvorhaben überhaupt vorteilhaft ist. Im Vergleich zu einer alternativen Anlage des Kapitals ist das bei positivem Kapitalwert der Fall. Andererseits können Sie durch Berechnung der Kapitalwerte verschiedene Investitionsmaßnahmen untereinander vergleichen.

 EXPERTEN-TIPP: KAPITALWERTBERECHNUNG

Wähle die Investition mit dem höchsten Kapitalwert!

Die interne Zinsfußmethode

Interner
Zinsfuß

Der interne Zinsfuß ist der Kalkulationszinsfuß, bei dem der Kapitalwert einer Investition genau den Wert 0 erreicht.

Das lässt sich am besten mit der grafischen Darstellung einer Kapitalwertfunktion verdeutlichen:

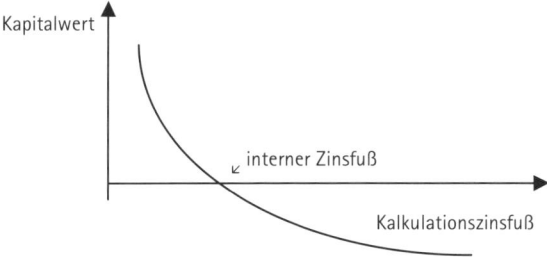

Mit steigendem Kalkulationszinsfuß sinkt der Kapitalwert. Je höher der Kalkulationszinsfuß ist, bei dem der Kapitalwert negativ wird, desto höher ist die mit dieser Investition erwirtschaftete Rendite. Genau diese Stelle, an der die Kapitalwertfunktion vom positiven in den negativen Bereich übergeht, ist der interne Zinsfuß.

Die Berechnung des internen Zinsfußes lässt sich aus der Kapitalwertformel herleiten, indem der Kapitalwert = 0 gesetzt und die Formel nach dem Kalkulationszinsfuß i umgestellt wird. Zur Berechnung werden iterative Verfahren der Mathematik benötigt, auf die hier nicht eingegangen wird.

EXPERTEN-TIPP: INTERNE ZINSFUßMETHODE

Wähle die Investition mit dem höchsten internen Zinsfuß!

Sie erinnern sich an Herrn Schall? Er weiß nun, dass mit seinem Rechenprogramm dieser interne Zinsfuß ausgerechnet wird. Allerdings hat dieses Verfahren auch einen Nachteil: Die Berechnung unterstellt, dass nicht benötigtes Kapital wieder angelegt werden kann, und zwar zu einem Zinssatz, der dem internen Zinsfuß entspricht. Diese Annahme ist speziell bei hohem internen Zinsfuß unrealistisch. Deshalb ist die Berechnung der Kapitalwerte mit einem vom Investor vorgegebenen Kalkulationszinsfuß sinnvoller.

 EXPERTEN-TIPP: TABELLENKALKULATIONSPROGRAMME

Die Funktionen der Berechnung des Kapitalwerts sowie des internen Zinsfußes ist bei den meisten gängigen Tabellenkalkulationsprogrammen, wie z. B. Microsoft Excel, hinterlegt.

Darüber hinausgehende Berechnungen

Äquivalente Annuität

Die Möglichkeiten der Investitionsrechnungsverfahren enden nicht bei der Ermittlung des internen Zinsfußes. Insbesondere ist die Berechnung der äquivalenten Annuität zu erwähnen. Mit ihrer Hilfe können Sie ungleichmäßige Zahlungsreihen, wie sie in der betrieblichen Praxis die Normalität sind, in gleichmäßige Zahlungen umrechnen. Damit wird die Basis für die Betrachtung von Investitionsketten geschaffen, bei denen auch die folgenden Investitionen eine Rolle spielen. Es würde jedoch den Rahmen dieses Ratgebers sprengen, hierauf näher einzugehen. Interessenten seien deshalb auf die Vielzahl entsprechender weiterführender Literatur verwiesen.

Bestimmung der wirtschaftlichen Nutzungsdauer

Definition

Die wirtschaftliche Nutzungsdauer ist die gewinnmaximale Nutzungsdauer, das heißt die Investitionsdauer, bei der der Kapitalwert des Investitionsprojekts das Maximum erreicht.

Bei den bisherigen Betrachtungen wurde unterstellt, dass das Investitionsgut über die gesamte technisch mögliche Nutzungsdauer hinweg genutzt wird. Der Wirklichkeit entspricht jedoch eher, dass

Maschinen oder Anlagen wieder verkauft werden, obwohl einer weiteren Nutzung technisch nichts im Wege stünde. Dies geschieht aus Gründen der Wirtschaftlichkeit.

Zu beantworten sind folgende Fragen:

- Wie lange sollte ein einzelnes Investitionsgut genutzt werden?

- Wann sollte ein Investitionsgut durch ein neues ersetzt werden, das bessere wirtschaftliche Parameter aufweist als das bisher genutzte?

Ohne auf die Berechnungsmöglichkeiten genauer einzugehen, soll hier das Grundprinzip erläutert werden:

Die wirtschaftliche Nutzungsdauer eines einzelnen Investitionsguts hält an, solange die durch dieses Investitionsgut verursachten Einzahlungen einer Periode ausreichen, *(Nutzung eines einzelnen Investitionsguts)*

- die laufenden Betriebsausgaben einschließlich der planmäßigen Instandhaltung,

- die Verringerung der erzielbaren Verkaufserlöse für das Wirtschaftsgut in dieser Periode sowie

- die entgangenen Zinsen für den nun später entstehenden Liquidationserlös

zu decken.

Dem liegt der Gedanke zugrunde, dass einerseits der Erlös, der durch den Verkauf eines gebrauchten Wirtschaftsguts entsteht, immer geringer wird, je älter dieses Wirtschaftsgut ist, und andererseits dieser Erlös, je später er entsteht, nach den Grundsätzen der Kapitalwertberechnung abgezinst werden muss.

Meist aber wird eine Maschine oder Anlage nicht durch eine gleichwertige, sondern – aufgrund der technischen Entwicklung – durch eine bessere ersetzt. Alt- und Neuanlage haben also unterschiedliche *(Ersatz durch ein besseres Gut)*

Ein- und Auszahlungen zu verzeichnen. In solch einem Fall ist zu berechnen, wann der größte Nutzeffekt aus der Nutzung beider Investitionsgüter entsteht. Der obige Grundgedanke wird dahin gehend erweitert, dass die Einzahlungsüberschüsse der alten und der neuen (besseren) Anlage betrachtet werden.

Der optimale Zeitpunkt des Ersatzes der alten durch die neue Anlage kann u. a. durch die Berechnung der zeitlichen Grenzerträge und der zeitlichen Grenzkosten berechnet werden. Was ist darunter zu verstehen?

Zeitliche Grenzerträge   Mit jeder Periode, die die Altanlage weiter genutzt wird, entstehen Einzahlungsüberschüsse ohne neue Investitionskosten. Das ist bis zum Ende der technischen Nutzungsdauer der Fall. Diese Einzahlungsüberschüsse werden als Grenzerträge bezeichnet.

Zeitliche Grenzkosten   Gleichzeitig entgehen dem Investor Erträge, weil er die neue, bessere Anlage noch nicht nutzt. Diese entgangenen Erträge sind „Opportunitätskosten", also keine tatsächlich entstandenen Auszahlungen, sondern der Verzicht auf Einzahlungen. Im Einzelnen handelt es sich um folgende entgangene Erträge:

- Einzahlungsüberschüsse *) einer Periode aus dem neuen Projekt;

- einen Teil des Liquidationserlöses der Altanlage, da mit jedem Jahr, das der Verkauf der Altanlage später erfolgt, auch der Erlös aus dem Verkauf sinkt;

- den Zinserlös aus der Wiederanlage des Liquidationserlöses.

*) Die Einzahlungsüberschüsse werden in Form einer Annuität, d. h. einer jährlich gleich bleibenden Zahlung, ermittelt, die sowohl die Anfangsauszahlung als auch die laufenden Einzahlungsüberschüsse berücksichtigt.

Die Summe dieser entgangenen Erlöse einer Periode wird als Grenzkosten bezeichnet.

Der optimale Ersetzungszeitpunkt ist die Periode, vor der die zeitlichen Grenzkosten erstmals höher sind als die zeitlichen Grenzerträge.

Optimaler
Zeitpunkt

PRAXIS-BEISPIEL: OPTIMALER ERSETZUNGSZEITPUNKT

Eine bestehende Anlage kann technisch noch vier Jahre genutzt werden. Spätestens danach muss sie durch eine neue, bessere Anlage ersetzt werden, deren in einer Annuität ausgedrückten Einzahlungsüberschüsse 120 T€ pro Jahr betragen. Finanzüberschüsse können zu einem Zinssatz von 10 % angelegt werden. Die Einzahlungsüberschüsse und die möglichen Liquidationserlöse (in T€) aus der Nutzung der Altanlage sollen betragen:

	t_0	t_1	t_2	t_3	t_4
Einzahlungsüberschüsse (Grenzerlöse)		450	420	400	300
Liquidationserlöse	840	800	600	400	200

Berechnung der zeitlichen Grenzkosten:

= Annuität (120) + Differenz der Liquidationserlöse + entgangener Zinsertrag

	t_0	t_1	t_2	t_3	t_4
Grenz- kosten		120 + 40+ 84 = 244	120 + 200 + 80 = 400	120 + 200 + 60 = 380	120 + 200 + 40 = 360

Am Ende der Periode t_3 ist der optimale Ersetzungszeitpunkt. In der Periode t_4 sind die Grenzkosten erstmals höher als die Grenzerlöse. Das heißt, im vierten Jahr ist der „Verlust" aus dem Verzicht auf die Neuanlage höher als die Einzahlungsüberschüsse, die mit der Altanlage erwirtschaftet werden.

Ein zusammenfassendes Wort

Investitionsrechnungen nehmen keine Entscheidungen ab! Alle Investitionsrechnungsverfahren sind Hilfsmittel zur Entscheidungsfindung, nicht weniger, aber auch nicht mehr. Die Entscheidung selbst nimmt Ihnen niemand ab. Bei der Frage, welche Hilfsmittel Sie zur Entscheidung heranziehen, überlegen Sie genau, welcher Aufwand welchem Nutzen gegenüberstehen wird. Das genaueste und detaillierteste Rechenmodell nützt nur begrenzt, wenn die Eingangsdaten geschätzt sind. Und das ist meist der Fall.

Investitionsentscheidungen „aus dem Bauch heraus" fehlt die Begründung. Sie können oft die richtige Entscheidung treffen, aber wenn die Entscheidung falsch war, können Sie nicht einmal nachvollziehen, warum.

Investitionsentscheidungen allein auf der Basis von Investitionsrechnungsverfahren vermitteln schnell eine trügerische Sicherheit. Wie fast immer kommt es auf die richtige Mischung an. Die nachfolgende Checkliste, die Sie natürlich auch wieder auf Ihrer CD-ROM finden, soll Ihnen eine kleine Hilfestellung geben.

CHECKLISTE: INVESTITIONEN

Frage	Bemerkungen
Berechnen Sie den Nutzen von Investitionen?	
Welche Methode verwenden Sie dabei?	
Wenn Sie ausschließlich statische Verfahren nutzen: Was spricht gerade in Ihrem Unternehmen gegen die Kapitalwertberechnung?	
Mit welchem Kalkulationszinsfuß rechnen Sie?	
Auf welchen Überlegungen beruht dieser von Ihnen angewendete Zinsfuß?	
Nutzen Sie Anlagen immer bis zum Ende der technischen Nutzungsdauer?	
Haben Sie schon einmal versucht zu berechnen, ob es sinnvoller ist, eine Anlage früher zu ersetzen?	

Damit Ihr Unternehmen liquide bleibt: Finanzmanagement

PRAXIS-BEISPIEL: KONTO ÜBERZOGEN

Herr Rauch als frisch gebackener Finanzverantwortlicher der Schall & Rauch GmbH steht vor einem Problem: In den vergangenen Monaten kam es immer wieder zu Diskussionen mit der Hausbank, weil der vereinbarte Kontokorrentrahmen teilweise deutlich überschritten wurde. Das geschah, obwohl das Unternehmen nach der etwas schwierigen Startphase schon seit drei Jahren „schwarze Zahlen" schrieb. Herr Rauch begibt sich auf Ursachensuche ...

Wie Sie das Finanzmanagement im Unternehmen aufbauen

Fast alle Abläufe im Unternehmen sind mit finanziellen Vorgängen verknüpft. Der Bereich, der sich mit

Begriff

- der Planung,
- der Beschaffung,
- der Verwaltung und Steuerung und
- der Effizienzkontrolle

der finanziellen Mittel beschäftigt, hat damit übergreifende Bedeutung für alle Unternehmensbereiche. Er wird als Finanzmanagement bezeichnet.

Institution
oder Tätigkeit?

Finanzmanagement ist sowohl Institution als auch Tätigkeit.

- Einerseits muss eine effektive Organisation des mit finanzwirt-schaftlichen Prozessen befassten Bereichs im Unternehmen aufge-baut werden. Dazu gehören die Festlegung der mit finanziellen Entscheidungen befassten Organe, Abteilungen und Positionen und die damit verbundenen Kompetenzen.

- Zum Finanzmanagement gehören aber auch die Tätigkeiten der fi-nanziellen Führung, die Planung, Durchführung und Kontrolle finanzieller Prozesse.

Finanzmanagement als Institution

Im Unternehmen gibt es meist zwei Abteilungen, die finanzielle Pro-zesse bewegen:

Finanz-
controlling

- den Bereich Finanzcontrolling: Seine Hauptaufgaben bestehen vor allem in
  - der Abstimmung aller Unternehmenspläne (besonders der Um-satzplanung) mit der Planung der Kapitalbeschaffung,
  - der Koordination von Investitionsfinanzierung, Produktions- und Absatzfinanzierung – also der Abstimmung des Bereichs, in dem die Unternehmensleistung erbracht wird, mit dem Finanzbereich,
  - der kurzfristigen Finanzplanung und -kontrolle,
  - dem Vergleich von Alternativen in Kapitalbeschaffung und -an-lage;

Treasuring

- den ausführenden Bereich, das Treasuring: Seine Aufgaben beste-hen vor allem in der aktiven Durchführung. Das sind z. B.
  - die kurzfristige Finanzdisposition,
  - die Abwicklung des Zahlungsverkehrs,
  - Verhandlungen mit Banken,

- Steuerung der Liquidität,
- Durchführung der Kapitalbeschaffung sowie
- Mahn- und Inkassowesen.

Ob diese Bereiche in Ihrem Unternehmen so wie hier als Finanzcontrolling und Treasuring oder anders bezeichnet werden, ist nicht bedeutsam. Entscheidend sind die Tätigkeiten, die in dieser oder in einer ähnlichen Form überall anfallen und entsprechend organisiert werden müssen.

Beide Aufgabengebiete sind schwer voneinander zu trennen, liefern sich gegenseitig Informationen und arbeiten eng zusammen. Sie sollten unter der einheitlichen Führung eines Ressort-Chefs Finanzen stehen. Warum? **Einheitliche Führung**

Die Liquidität muss für das gesamte Unternehmen gesichert werden. Einzelentscheidungen von Abteilungen sind häufig nicht optimal oder gar kontraproduktiv. Finanzielle Reserven können reduziert werden, wenn ein interner Ausgleich (z. B. gegenseitiges Verrechnen von Bankkonten im Guthaben- und Kreditbereich) durchgeführt wird.

Im folgenden Abschnitt gehen wir auf das Finanzmanagement als Tätigkeit näher ein.

Wie Sie das finanzielle Gleichgewicht sichern

Es gilt, sowohl intern als auch extern ein finanzwirtschaftliches Gleichgewicht zu schaffen.

Innerhalb des Unternehmens selbst gilt es, die Zusammenhänge zwischen betrieblicher Finanzwirtschaft und anderen Unternehmensbereichen zu beherrschen und zu steuern: **Interne Sichtweise**

- Analysieren der inneren finanzwirtschaftlichen Prozesse des Unternehmens und

- Erstellen planerischer Vorgaben auf der Basis von Betriebsanalysen.

Externe Sichtweise Extern ist es für jedes Unternehmen überlebenswichtig, unter Beachtung ökonomischer Effizienz finanzielle Ungleichgewichte durch permanente Liquiditätssteuerung auszugleichen. Das externe finanzwirtschaftliche Gleichgewicht, die Sicherung der ständigen betrags- und zeitpunktgenauen Zahlungsfähigkeit, ist notwendige Grundlage aller wirtschaftlichen Tätigkeit.

Wie viel Kapital braucht ein Unternehmen?

Dass man Kapital benötigt, um ein Unternehmen zu betreiben, ist allgemein bekannt. Schwieriger zu beantworten ist daher die Frage, wie viel Kapital man benötigt. Diese Frage lässt sich leider nicht generell mit einer Zahl beantworten. Sie müssen überlegen, wofür Sie das Kapital benötigen und wovon die Höhe des benötigten Kapitals abhängen könnte.

Wozu Kapital benötigt wird Kapital wird im Unternehmen benötigt, um

- Gebäude und Grundstücke,

- Maschinen und Anlagen,

- Vorräte usw. zu beschaffen und darüber hinaus die

- erforderliche Arbeitsleistung zu bezahlen.

Gründung und Erweiterung Für die Gründung oder eine bedeutsame Erweiterung eines Unternehmens brauchen Sie zunächst eine langfristig vorhandene Grundausstattung mit Kapital.

Der laufende Geschäftsbetrieb führt darüber hinaus zu einem dauernden (aber ständig wechselnden) Kapitalbedarf. Diese Notwendigkeit wird schnell klar, wenn Sie sich verdeutlichen, dass zunächst Geld in Güter umgewandelt wird (Beschaffung der Produktionsfaktoren). Erst nach der Produktion werden diese Güter durch den Absatz wieder zu Geld, mit dessen Hilfe wieder neue Produktionsfaktoren beschafft werden können. Güter- und Geldstrom sind also zeitlich verschieden und diese zeitliche Divergenz müssen Sie mit Kapital abdecken.

Laufender Geschäftsbetrieb

Die Höhe dieses Kapitalbedarfs richtet sich nach

Höhe des ständigen Kapitalbedarfs

- dem Umfang der Zahlungsströme (in Abhängigkeit von von der konkreten Geschäftstätigkeit) und

- der Zeit, in der das Kapital gebunden ist.

Eine Verlängerung des Zeitraums, in dem das Kapital im Unternehmen gebunden ist – beispielsweise durch eine Verlängerung des Zahlungsziels, das Kunden gewährt wird – erfordert zusätzliches Kapital. Eine Umsatzausweitung hat den gleichen Effekt, denn damit ändert sich der Umfang der Zahlungsströme.

EXPERTEN-TIPP: FORDERUNGSMANAGEMENT

Durch ein funktionierendes Forderungsmanagement, das Kunden zu pünktlicher Zahlung von Rechnungen veranlasst, können Sie Kapital einsparen. Die Zeitdauer, für die Kapital benötigt wird, verringert sich dadurch.

Was tut Finanzplanung?

Die Finanzplanung besteht faktisch aus zwei Teilen, nämlich

- der Kapitalbedarfs-/Kapitalbindungsplanung und

- der Liquiditätsplanung.

Kapitalbedarfs-
planung

Der Kapitalbedarfsplan stellt den Grundbedarf an Kapital zusammen. Er ist jener Teilplan, der erklärt, aus welchen Quellen die beabsichtigten Investitionen der Planperiode gedeckt werden sollen. Aus ihm ist ersichtlich, wie viel und wie lange Kapital im Unternehmen gebunden ist.

Die Kapitalbedarfsplanung ist eine mehrjährige Planung. Leiten Sie mit ihrer Hilfe rechtzeitig Maßnahmen ein, die die Beschaffung des erforderlichen und üblicherweise langfristig zur Verfügung stehenden Kapitals ermöglichen.

Liquiditäts-
planung

Die Liquiditätsplanung erfasst alle ein- und ausgehenden Zahlungen. Hierbei kommt es nicht auf die Zuordnung von Kosten und Erlösen an, sondern ausschließlich auf die Zahlungen, die ein Unternehmen bekommt oder die es verlassen. Die Liquiditätsplanung ist kurzfristig orientiert und auf den Ausgleich der Geld- (Ein- und Auszahlungen) und Kreditströme (Forderungen und Schulden) gerichtet.

Umsatzplan
als Basis

Grundlage jeder unternehmerischen Planung ist die Planung der betrieblichen Leistung, des Umsatzes. Die Produkte und Leistungen, die ein Unternehmen am Markt absetzen kann und die von den Kunden bezahlt werden, sind die Basis für alle weiteren Planungen. Vom Umsatz sind fast alle anderen wirtschaftlichen Größen abhängig.

Für die mehrjährige Kapitalbedarfsplanung reicht es darum mit hinreichender Genauigkeit meist aus, aus den Unternehmensdaten der vergangenen Jahre festzustellen: Wie haben sich die einzelnen Positionen der Bilanz verändert, wenn sich der Umsatz des Unternehmens verändert hat?

Sie werden relativ schnell feststellen, dass es Positionen gibt,

- die sich in gleichem oder ähnlichem Verhältnis wie der Umsatz verändern (z. B. die Vorräte);

- die sich mit dem Umsatz verändern, aber nicht gleichmäßig, sondern sprunghaft immer dann, wenn ein bestimmtes Maß überschritten wird (z. B. das Sachanlagevermögen, d. h. Maschinen und Anlagen);

- die sich nicht in Abhängigkeit vom Umsatz verändern.

Wenn Sie diese Abhängigkeiten berücksichtigen, können Sie die folgende Liste bearbeiten:

TO DO: BILANZVERÄNDERUNGEN

1. Schritt: Planung der Bilanzänderungen, die umsatzabhängig sind:

- geplanter Umsatz der Folgeperiode(n)

- daraus folgende Änderungen von Bilanzpositionen

- Sachanlagen

- Vorräte

- Forderungen

- sonstige Aktiva

- (kurzfristige) Verbindlichkeiten aus Lieferungen und Leistungen

- Gewährleistungsrückstellungen

- sonstige Passiva

- geplanter Gewinn

2. Schritt: Planung von Bilanzveränderungen, die nicht umsatzabhängig sind (z. B. Zuführung von Eigenkapital)

3. Schritt: Planung des Betriebsergebnisses (Basis ist die Umsatzentwicklung, daraus werden die Gewinnmarge und damit der Gewinn ermittelt). Beachten Sie bei diesem Schritt unbedingt, dass es nicht ausreicht, den geplanten Kosten einen Gewinnaufschlag zuzurechnen. Entscheidend ist, dass die kalkulierten Preise auf dem Markt auch durchsetzbar sind.

4. Schritt: Erstellen der Planbilanz

5. Schritt: Planung des Kapitalbedarfs und der Quellen, aus denen dieser gedeckt werden soll.

 CD-ROM: FINANZPLANUNG

Zur konkreten Umsetzung der mehrjährigen Kapitalbedarfsplanung empfiehlt es sich, Rechnerprogramme zu nutzen, wie sie in einer einfachen Form auch auf der beiliegenden CD-ROM zu finden sind. Mit diesen Programmen werden Sie schnell zum Ziel geführt und laufen nicht Gefahr, wichtige Positionen zu vergessen. Die eigentliche Planung kann Ihnen aber auch das beste Programm nicht abnehmen. Rechnerprogramme sind Hilfsmittel, nicht mehr und nicht weniger.

Wenn keine Vergangenheitsdaten vorhanden sind

Was können Sie aber tun, wenn es keine Daten aus der Vergangenheit gibt? Das gibt es leider viel öfter, als es einem Planer lieb ist – sei es, weil das Unternehmen neu gegründet wurde oder weil sich Rahmendaten so gravierend geändert haben, dass man nicht mehr aus der Vergangenheit auf die Zukunft schließen kann (z. B. Erschließung neuer und Aufgabe alter Geschäftsfelder, Änderung der Auftraggeber von einem Großauftrag zu vielen kleinen und vieles andere mehr).

Sind keine Vergangenheitsdaten vorhanden, gehen Sie wie folgt vor:

TO DO: KAPITALBEDARFSPLANUNG

1. Schritt: Planen Sie den Umsatz, das heißt die Mengen an Produkten oder Dienstleistungen, die Sie im Planungszeitraum absetzen wollen.

2. Schritt: Ermitteln Sie die daraus resultierende durchschnittliche Tagesproduktion. Beachten Sie dabei den eventuell erforderlichen Aufbau von Vorräten an Halbfabrikaten, der sich aus Ihrem technologischen Prozess ergeben könnte.

3. Schritt: Bestimmen Sie daraus die Kapazität an Maschinen und Anlagen und den für ihre Beschaffung erforderlichen Kapitalbedarf. (Mit diesem Schritt können Sie die erforderliche Höhe des Anlagevermögens bestimmen. Ein Abgleichen mit bereits vorhandenen Kapazitäten führt zur Bestimmung des dafür nötigen Kapitals.)

4. Schritt: Bestimmen Sie die tägliche durchschnittliche Höhe des Aufwands für Material und Hilfsstoffe, Fertigungslöhne und Gemeinkosten.

5. Schritt: Berechnen Sie die Kapitalbindungsdauer für das Umlaufvermögen: Wie lange müssen Sie Lohn, Material, Verwaltungskosten und sonstige Gemeinkosten vorfinanzieren, bevor Sie durch die Bezahlung ihrer Lieferungen und Leistungen wieder zu Geld kommen, das Sie für neue Beschaffungen ausgeben können? Der Prozess, bis einmal eingesetztes Geld durch Umsatz wieder zu Geld wird, kann folgende Phasen umfassen:

- Lagerdauer Rohstoffeingangslager,

- Dauer des Produktionsprozesses einschließlich Zwischenlager,

- Lagerdauer Fertigerzeugnisse,

- Zahlungsziel, das Sie Ihren Kunden gewähren.

Aber nicht für den gesamten Zeitraum müssen Sie alle Kosten vorfinanzieren. Ihnen selbst gewährte Zahlungsziele müssen Sie selbstverständlich nicht finanzieren, Sie können Sie vom zu finanzierenden Umfang abziehen.

6. Schritt: Ermitteln Sie das nötige Umlaufvermögen, indem Sie die durchschnittliche tägliche Höhe des Aufwands (siehe Schritt 4) mit der im 5. Schritt getrennt nach den Kostenarten ermittelten Kapitalbindungsdauer multiplizieren.

7. Schritt: Planen Sie zu dem oben ermittelten Kapitalbedarf noch einen Kassen- oder Kontobestand mit ein, der Ihnen einen Liquiditätsspielraum für Unvorhergesehenes lässt.

Woher kommt das Kapital?

Kapital ist knapp. Wer weiß das besser als ein Unternehmer? Kapital wird einem Unternehmen nur zur Verfügung stehen, wenn es sich angemessen verzinst. Das ist ein Grundprinzip unseres Wirtschaftssystems. Aber wer stellt es einem Unternehmen eigentlich zur Verfügung?

Nachdem Sie im vorherigen Abschnitt lesen konnten, auf welche Weise Sie ermitteln, wie viel Kapital Sie benötigen, geht es nun um die Frage, auf welchen Wegen ein Unternehmen finanziert werden kann.

Aus der Sicht der Gesellschafter gibt es

- Eigen- und

- Fremdkapital.

Eigen- oder Beteiligungskapital Eigen- oder Beteiligungskapital stammt aus dem eigenen privaten Vermögen der Gesellschafter, die diese Mittel dem Unternehmen zur Verfügung stellen. Dabei kann es sich einerseits um Geld handeln, aber andererseits auch um sogenannte Sacheinlagen.

PRAXIS-BEISPIEL: SACHEINLAGE

Herr Schall stellt der Schall & Rauch GmbH seinen Mittelklasse-Pkw zur Verfügung. Das Fahrzeug ist ein Jahr alt und hat einen Wert von 25.000 €. Was geschieht abrechnungstechnisch?

Der Pkw gehört nun zum Vermögen der Gesellschaft. Die Finanzierungsquelle ist das Eigenkapital des Herrn Schall. Also hat Herr Schall 25.000 € Kapital in das Unternehmen eingebracht.

Stammt das Kapital jedoch nicht aus dem Vermögen der Gesellschafter, sondern wird es von Dritten dem Unternehmen zur Verfügung gestellt, handelt es sich aus Sicht der Gesellschafter um Fremdkapital.

Fremdkapital

Für das Unternehmen an sich ist es gleichgültig, ob das Kapital von den Gesellschaftern oder etwa von einer Bank zur Verfügung gestellt wird. Hier kommt es vielmehr darauf an, ob (zusätzliches) Kapital dem Unternehmen von außen zugeführt wird oder ob es aus der Unternehmenstätigkeit stammt. Demzufolge spricht man aus der Sicht des Unternehmens von

Außen- und Innen-finanzierung

- Außenfinanzierung und von

- Innenfinanzierung.

Das Eigenkapital

Eigenkapital wird von den Unternehmern zur Verfügung gestellt. Die konkrete Form ist abhängig von der Rechtsform des Unternehmens. Die besondere Rolle des Eigenkapitals besteht vor allem darin, dass es dem Unternehmen auf Dauer zur Verfügung steht, es muss nicht zurückgezahlt werden. Je nach Rechtsform des Unternehmens gibt es

Kapital auf Dauer

zwar Kündigungsmöglichkeiten, diese sind jedoch nicht der Normalfall.

„Verzinsung"   Auf Eigenkapital müssen, anders als bei Fremdkapital, keine Zinsen gezahlt werden. Damit wird die Liquiditätslage des Unternehmens geschont. Allerdings erwartet jeder vernünftige Unternehmer, dass sich sein eingesetztes Kapital rentiert. Diese „Verzinsung" erfolgt über

- das Ausschütten von Gewinnen,

- das Zahlen von Dividenden und nicht zuletzt auch über

- die Wertsteigerung des Unternehmens selbst.

Funktionen von   Neben der reinen Finanzierungsfunktion kommen dem Eigenkapital
Eigenkapital   noch weitere wichtige Funktionen zu:

- Bei Kapitalgesellschaften ist eine bestimmte Summe vorhandenen und eingezahlten Kapitals Gründungsvoraussetzung. Auch bei Unternehmensformen, die kein Mindestkapital erfordern, dient Eigenkapital der Ingangsetzung des Unternehmens.

- Eigenkapital hat eine Haftungsfunktion. Es dient dazu, eventuelle Verluste aufzufangen und den Fortgang des Unternehmens zu sichern.

- Das Vorhandensein angemessenen Eigenkapitals macht ein Unternehmen überhaupt erst kreditwürdig. Es schafft Vertrauen bei potenziellen Geschäftspartnern und bei Gläubigern.

- Anhand des aufgebrachten Eigenkapitals erfolgt die Führung des Unternehmens bzw. die Herrschaft über das Unternehmen.

- Das Eigenkapital ist die Basis für die Gewinnbeteiligung.

- Eigenkapital sichert Unabhängigkeit.

Haftung   Neben dem eingezahlten Eigenkapital hat bei Personengesellschaften, bei denen die Gesellschafter persönlich haften, auch das Privatvermögen der Gesellschafter latenten Eigenkapitalcharakter. Dieser bezieht sich jedoch ausschließlich auf die Haftungsfunktion.

Das Fremdkapital

Fremdfinanzierung liegt vor, wenn Gläubiger einem Unternehmen Kapital zuführen, ohne Eigentumsrechte an dem Unternehmen zu erwerben. Fremdkapital hat damit ausschließlich Finanzierungsfunktion. Sie erfolgt über

■ Kreditfinanzierung oder über die

■ Bildung von Rückstellungen.

Die Bildung von Rückstellungen ist gesetzlich geregelt. Rückstellungen werden gebildet für Verbindlichkeiten, deren genaue Höhe und/oder deren genauer Fälligkeitstermin noch nicht bekannt sind (beispielsweise für noch zu zahlende Steuern). Es handelt sich also um Kapital, das dem Unternehmen zwar noch zur Verfügung steht, dessen Abfließen aber zu erwarten ist. Es gehört dem Unternehmen schon nicht mehr. Damit ist es Fremdkapital.
Rückstellungen

Die Kreditfinanzierung ist beileibe nicht beschränkt auf den Bankkredit. Alles Kapital, das Gläubiger von außen einem Unternehmen zur Verfügung stellen, ist Kreditkapital.
Kredit-
finanzierung

Dazu gehören auch die sogenannten Lieferantenkredite, das heißt das Einräumen eines Zahlungsziels. Diese Form der Finanzierung, bei der man erst zum Ende der Zahlungsfrist zahlt, das Wirtschaftsgut aber teilweise schon Wochen früher nutzen kann, ist so allgemein üblich, dass man sie gar nicht mehr als Kreditfinanzierung wahrnimmt.

Dies sind die Merkmale der Kreditfinanzierung:

■ Stellt jemand (das kann eine natürliche Person, aber auch ein anderes Unternehmen, meist ein Kreditinstitut, sein) einem Unter-
Merkmale

nehmen im Rahmen der Kreditfinanzierung Kapital zur Verfügung, wird er Gläubiger. Damit erwirbt er einen Anspruch auf Rückzahlung des Nominalwerts des Kredits und auf Zinszahlung.

- Üblicherweise (aber nicht zwingend) ist die Kreditfinanzierung mit der Stellung von Sicherheiten zugunsten des Gläubigers verbunden.

- Das Kapital steht dem Unternehmen nur befristet zur Verfügung.

- Der Gläubiger haftet nicht, im Gegenteil, er ist Haftungsberechtigter. Das heißt, der Kreditnehmer haftet ihm gegenüber auf Rückzahlung.

- Ein Gläubiger hat grundsätzlich keinen Einfluss auf die Leitung des Unternehmens.

 EXPERTEN-TIPP: ZINSEN ALS BETRIEBSAUSGABEN

Die Zinsen, die Sie als Kreditnehmer an Ihre Gläubiger zahlen müssen, sind für Sie Betriebsausgaben. Damit mindern Zinszahlungen den Unternehmensgewinn. Unter bestimmten Voraussetzungen kann es deshalb steuerlich günstiger sein, Kreditzinsen zu zahlen, als die Finanzierung aus eigenen Mitteln durchzuführen. Wann das genau der Fall ist, bedarf jedoch der Einzelfallprüfung durch einen Fachmann.

Einteilung Für die Einteilung der Kreditformen gibt es eine Fülle von Möglichkeiten. Hier sei nur auf die Einteilung nach der Fristigkeit der Kapitalüberlassung verwiesen:

- kurzfristig (bis 1 Jahr),

- mittelfristig (1 bis ca. 5 Jahre) und

- langfristig (darüber hinaus).

Diese Einteilung nach Fristigkeit hat insbesondere Bedeutung für die sogenannte Fristenkongruenz der Finanzierung. Das bedeutet:

- Langfristig im Unternehmen gebundenes Vermögen ist auch durch langfristig zur Verfügung stehendes Kapital zu finanzieren.

- Kurzfristiges Vermögen (z. B. Materialvorräte) kann dagegen auch mit kurzfristig zur Verfügung stehendem Kapital (z. B. Kontokorrentkredit) finanziert werden.

Goldene Bilanzregel: Fristenkongruenz

Auf diese Weise soll verhindert werden, dass bei Wegfall von nur kurzfristig zur Verfügung stehendem Kapital gegebenenfalls Vermögenswerte mit Verlust veräußert werden müssen, wenn aus irgendwelchen Gründen keine Anschlussfinanzierung erfolgen kann. Diese „goldene Bilanzregel" ist keine gesetzliche Vorschrift, sondern ein Gebot der kaufmännischen Vernunft.

Die Außenfinanzierung

Außenfinanzierung bedeutet, dass dem Unternehmen von außen zusätzliches Kapital zugeführt wird. Die Formen sind

- die Beteiligungs- und Einlagenfinanzierung (aus Eigenkapital),

Formen

- die Kreditfinanzierung (aus Fremdkapital) und

- die Subventionsfinanzierung (beispielsweise aus staatlichen Förderprogrammen). Handelt es sich dabei nicht um geförderte Kredite, sondern um echte Subventionen (z. B. Investitionszulagen), erfolgt die Finanzierung zwar von außen, das Kapital steht dem Unternehmen aber unbefristet zur Verfügung und muss nicht zurückgezahlt werden. Damit wird es zu Eigenkapital.

Die Innenfinanzierung

Aus der laufenden Geschäftstätigkeit fließen Finanzmittel in das Unternehmen zurück. Dies geschieht über

- Umsätze,

- Zinsen (die das Unternehmen erhält, also Zinserträge) und

- Beteiligungs- und sonstige Erträge.

Darüber hinaus können finanzielle Mittel im Unternehmen zurückgehalten werden. Diese Finanzmittel dienen der Innenfinanzierung. Ihr Kennzeichen besteht darin, dass sie ohne zusätzliche Kapitalzuführung von außen auskommt.

Wie geschieht das? Prinzipiell auf zwei verschiedenen Wegen, nämlich

Interne Kapitalbildung

- einmal in Form der internen Kapitalbildung durch das Einbehalten von Gewinnen (Gewinnthesaurierung) und die Bildung von Rückstellungen,

Vermögensumschichtungen

- zum anderen in der Form, dass bereits im Unternehmen vorhandenes Kapital durch den Verkauf von Vermögensgegenständen umgeschichtet wird.

Auf beide Formen soll kurz eingegangen werden.

Interne Kapitalbildung

Selbstfinanzierung

Eigentlich sind Gewinne doch dazu da, den Lebensunterhalt der Unternehmer zu sichern – oder nicht? Selbstverständlich sollen auch Aktionäre und andere Eigenkapitalgeber gut leben können. Aber nicht immer ist es sinnvoll und erforderlich, sämtliche Gewinne auszuschütten.

Werden erzielte Gewinne nicht ausgezahlt, sondern im Unternehmen angesammelt, stehen sie für weitere Finanzierungen zur Verfügung.

Bilanziell werden sie den Gewinnrücklagen zugeführt und gehören damit zum Eigenkapital mit all seinen Vorteilen für die Unternehmensfinanzierung. Voraussetzungen für das Ansammeln von Gewinnen im Unternehmen sind:

- Die Gewinne müssen durch Umsätze erzielt sein. Das heißt, der Markt muss Preise akzeptieren, die einen kalkulierten Gewinnanteil enthalten. Bei einer Produktion „auf Halde", weil auf dem Markt die Preise nicht durchgesetzt werden können, kommt es nicht zu Einzahlungen in das Unternehmen. **Voraussetzungen**

- Die entsprechenden Gremien, die über die Gewinnverwendung entscheiden, müssen die Höhe der Ausschüttung und damit auch die Höhe der Gewinnthesaurierung festlegen. Wer das genau ist, hängt von der Rechtsform Ihres Unternehmens ab. Bei Kapitalgesellschaften kommt es beispielsweise durch die Bildung der gesetzlichen Rücklage zu einer „zwangsweisen" teilweisen Selbstfinanzierung.

Die Selbstfinanzierung erfolgt aus versteuertem Gewinn. Demzufolge muss die Belastung z. B. durch Gewerbe- und Körperschaftsteuer beachtet werden, wenn über die Verwendung des Gewinns entschieden wird.

EXPERTEN-TIPP: „STILLE" SELBSTFINANZIERUNG

Wenn durch die Bildung stiller Reserven Gewinne in der Bilanz gar nicht sichtbar werden, wird der steuerpflichtige Gewinn gemindert. Der Gewinnausweis erfolgt erst, wenn die stillen Reserven wieder aufgelöst werden. Bis dahin erfolgt eine zinslose Steuerstundung, die eine Liquiditätsentlastung und damit eine Finanzierungsmöglichkeit ohne Kapitalzuführung von außen darstellt.

Aber: Allein die Bildung stiller Reserven führt nicht zu einer stillen Selbstfinanzierung. So hat die Wertsteigerung eines Grundstücks erst dann einen Finanzierungseffekt, wenn das Grundstück tatsächlich teurer verkauft wird.

Rückstellungen

Rückstellungen sind Verpflichtungen, die am Bilanzstichtag bestehen. Demzufolge sind sie Fremdkapital. Ihre Höhe und ihre Fälligkeit sind aber nicht genau bekannt. Es wird also ein Aufwand gebucht, der zunächst keine Auszahlung nach sich zieht. Das Kapital verbleibt so lange im Unternehmen, bis die Rückstellung aufgelöst wird. Da in den meisten Unternehmen ein „Bodensatz" von Rückstellungen ständig vorhanden ist, können diese Mittel zur Finanzierung genutzt werden.

 PRAXIS-BEISPIEL: PENSIONSRÜCKSTELLUNGEN

Pensionsrückstellungen aufgrund von Pensionszusagen an Mitarbeiter (betriebliche Altersversorgung) stehen dem Unternehmen recht lange zur Verfügung. Ihr Finanzierungseffekt ist damit sehr hoch.

Speziell bei kleinen Unternehmen ist der Zugang zum Kapitalmarkt erschwert oder völlig unmöglich. Für sie ist die interne Kapitalbildung häufig die einzig durchführbare Form der Finanzierung

Verkauf von Vermögensgegenständen

Durch Vermögensumschichtungen findet keine Kapitalzufuhr statt. Es wird lediglich in nicht liquiden Vermögensgegenständen gebundenes Kapital freigesetzt. Die Frage, ob es sich dabei um Eigen- oder Fremdkapital handelt, ist nicht zu beantworten, da sich die Passivseite der Bilanz nicht ändert.

Betriebswirtschaftlich unbedenklich ist der Verkauf von nicht betriebsnotwendigem Vermögen. Kritisch ist es jedoch, wenn betriebsnotwendige Vermögensgegenstände verkauft werden (müssen), um Liquiditätsengpässe zu überwinden.

Weitere Formen der Innenfinanzierung

Erwähnt werden sollen noch die sogenannten Finanzierungssurrogate, wie

- Leasing (anstelle von Kauf),

- das Sale-and-lease-back-Verfahren (Verkauf von betriebsnotwendigem Vermögen an eine Leasinggesellschaft und gleichzeitiges „Zurückleasen" dieses Wirtschaftsguts),

- Forfaitierung und Factoring (Verkauf von Forderungen).

Sie führen durch das Freisetzen von Liquidität ebenfalls zu Finanzierungseffekten. Zu Einzelheiten wird auf weiterführende Literatur zur Unternehmensfinanzierung verwiesen.

Finanzierungssurrogate

Planung der Liquidität – Zahlungsfähigkeit als Notwendigkeit

Die wohl häufigste Ursache für Insolvenzen sind Liquiditätsprobleme. Das heißt, dass die laufenden Einzahlungen nicht ausreichen, um die notwendigen Auszahlungen zu decken. Dabei kommt es nicht nur darauf an, überhaupt seinen Zahlungsverpflichtungen nachkommen zu können, sondern auch, diese Verpflichtungen zum richtigen Zeitpunkt zu erfüllen. Sicherung der Liquidität durch planmäßige Steuerung ist damit vorrangiges Unternehmensziel. Das Erwirtschaften einer hohen Rentabilität kommt erst an zweiter Stelle. Ein Jahr mit Verlust kann man gemeinhin gut überstehen, aber wenige Tage Zahlungsverzug können verheerende Folgen haben. Insbesondere Sozialkassen und Finanzämter verstehen in dieser Richtung – zu Recht – keinen Spaß!

Erfassen aller
Zahlungsein-
und -ausgänge

Liquiditätsplanung bedeutet, alle Zahlungsein- und -ausgänge möglichst vollständig nach ihrer Höhe und den Zahlungsterminen zu erfassen. Ausgangspunkt ist dabei der aktuelle Kontostand. Zahlungen können durch laufende Prozesse, aber auch durch einmalige Vorgänge (Investitionen und Desinvestitionen) verursacht werden. Je nachdem, wie groß noch bestehende finanzielle Spielräume sind, muss diese Planung eventuell taggenau erfolgen, zumindest aber monatsgenau.

Die Liquiditätsplanung ist wie alle Planung ein permanenter, ein revolvierender Prozess. Sie ist nie vollständig abgeschlossen. Mit dem Auftreten neuer Erkenntnisse muss immer wieder neu geplant werden. Nur auf diese Weise kommen Sie zu hinreichender Genauigkeit, je näher der Planungszeitpunkt rückt.

 CD-ROM: LIQUIDITÄTSRECHNER

Zu Ihrer Unterstützung ist auf der CD-ROM sowohl ein Liquiditätsrechner installiert als auch finden Sie einen Liquiditätsplan als Excel-Datei.

 EXPERTEN-TIPP: ZAHLUNGSMORAL

Denken Sie bei der Planung Ihrer Liquidität auch an das Zahlungsverhalten Ihrer Kunden. Es kommt nicht darauf an, wann Sie Rechnungen fällig stellen, sondern darauf, wann die Zahlungen tatsächlich erfolgen. Planen Sie einen angemessenen Anteil verspäteter Zahlungen und auch Forderungsausfälle ein!

Was tun bei gefährdeter Liquidität?

Frühzeitig
handeln

Handeln Sie schon, wenn sich in Ihrer Planung Disproportionen auftun, nicht erst, wenn der Liquiditätsengpass eingetreten ist. Das „Prinzip Hoffnung" ist an dieser Stelle grundfalsch!

Generell muss bei gefährdeter Liquidität auf einer hohen Hierarchieebene im Unternehmen disponiert werden. Überlassen Sie Dispositionen, die für das Unternehmen überlebenswichtig sind, nicht einem Sachbearbeiter, der eventuell nicht die gesamte Tragweite überblickt!

Denken Sie daran, dass es gilt, kurzfristig Liquidität zu sichern. Langfristig sind diese Maßnahmen nicht immer sinnvoll. Beachten Sie, dass Maßnahmen im Auszahlungsbereich auch Konsequenzen im Einzahlungsbereich haben können. Die Drosselung der Auszahlungen muss auf jeden Fall größer sein als die damit möglicherweise verbundenen Einzahlungsausfälle.

Mögliche Maßnahmen im Auszahlungsbereich sind zum Beispiel:

- Verzicht auf oder Verschieben von Investitionen,

- Vorrangige Herstellung und Auslieferung von Produkten mit hohem Deckungsbeitrag,

- Verzicht auf oder Verschieben von nicht unbedingt betriebsnotwendigen Maßnahmen (etwa F/E, Ausbildung, Werbeaktionen, ...),

- Reduzierung von Lagerkosten, z. B. durch geringere Bestellmengen, Lieferung just in time, ...

- Verhandeln von Stundungen (z. B. Kredittilgungen, Steuerzahlungen).

Im Auszahlungsbereich

Sparen Sie nicht nur auf der Auszahlungsseite. Versuchen Sie auch, Einzahlungen zu erhöhen oder schneller zu bekommen. Hier sind mögliche Maßnahmen zum Beispiel:

- Desinvestitionen im Finanzvermögen (Auflösung von Finanzanlagen),

- Verkauf von Halbfabrikaten und anderen Vorräten,

- Verkauf von Forderungen (Factoring),

Im Einzahlungsbereich

- Straffung des Mahnwesens, Verbesserung des Forderungsmanagements,

- Zuführung von Kapital (Eigen- und/oder Fremdkapital).

Nicht alle Maßnahmen wirken sofort und gleich schnell. Demzufolge ersetzt eine schnelle, operative Disposition keinesfalls eine fundierte Planung. Sie sollte nur dazu dienen, bei der langfristigen Planung Unvorhersehbares auszugleichen.

 EXPERTEN-TIPP: KONTROLLIEREN

Ein überstandenes Liquiditätsproblem ist Anlass zur Freude. Vergessen Sie darüber aber nicht, die Ursachen zu analysieren, die zu dem Engpass geführt haben. Sonst könnte es passieren, dass Sie Fehler wiederholen. Und nicht immer sind die Umstände in gleichem Maße günstig.

Erinnern Sie sich an das Eingangsbeispiel? Herr Rauch hat erkannt, dass das Erwirtschaften von Gewinnen nicht gleichzusetzen ist mit ständiger Liquidität.

Das betriebliche Rechnungswesen – das Unternehmen in Zahlen

Unter dem betrieblichen Rechnungswesen versteht man ein quantitatives Informationssystem zur systematischen Erfassung, Dokumentation, Überwachung und Auswertung der Geld- und Leistungsströme eines Unternehmens.

Definition

Teilgebiete des Rechnungswesens sind

- die Buchführung,

Teilgebiete

- die Kostenrechnung,

- der Jahresabschluss,

- die Statistik und Vergleichsrechnung sowie

- die Planungsrechnung.

Diese stehen in einer engen Beziehung zueinander und greifen teilweise auf die gleiche Zahlenbasis zurück.

Die Aufgaben des betrieblichen Rechnungswesens sind:

Aufgaben

- Dokumentation und Kontrolle der Geschäftsvorgänge,

- Disposition der Geschäftsvorgänge, also zukunftsgerichtete Planung,

- Rechenschaftslegung und Information gegenüber Dritten,

- Grundlagenbildung für die Steuererhebung.

Die wichtigsten Teilgebiete

Die Buchführung

Definition

Unter der Buchführung versteht man die zahlenmäßige Dokumentation aller wirtschaftlich bedeutsamen Vorgänge (Geschäftsvorfälle) eines Betriebs in chronologischer Reihenfolge. Die Buchführung ist eine Zeitrechnung und gliedert sich in das interne und das externe Rechnungswesen.

Bedeutsame Vorgänge

Vorgänge sind dann bedeutsam, wenn sie das Vermögen und das Kapital des Betriebs in Höhe und/oder Zusammensetzung ändern. Die Buchführung beginnt mit der Unternehmensgründung und endet bei ihrer Liquidation.

Die Buchführung gliedert sich in eine

Internes und externes Rechnungswesen

- Finanzbuchführung (Geschäftsbuchführung) und eine

- Betriebsbuchführung.

Die Betriebsbuchführung erfasst das interne Geschehen eines Betriebs und dient der Kostenerfassung und -verteilung. Entsprechend wird sie auch als „internes Rechnungswesen" bezeichnet.

Bei der Finanzbuchführung werden die Außenbeziehungen des Betriebs erfasst, also die Beziehungen zwischen dem Betrieb und seinen externen Marktpartnern; sie wird daher auch „externes Rechnungswesen" genannt. Sie erfasst alle Wertveränderungen (Zuwachs und Verbrauch) und die Änderungen in der Vermögens- und Kapitalstruktur in einer gewissen Periode.

Ertrag und Aufwand

Der Wertzuwachs wird als Ertrag, der Wertverbrauch als Aufwand bezeichnet. Die an einem Stichtag (Bilanzstichtag) erfassten Vermögens- und Kapitalbestände werden in der Bilanz, die Erträge und

Aufwendungen einer Zeitperiode in der Erfolgsrechnung gegenübergestellt.

Zur Erleichterung wurden für die Buchführung einheitliche Kontenrahmen entwickelt, die einen Überblick über die Gliederung der Kontenklassen und Kontengruppen geben.

Im Folgenden eine kleine Gegenüberstellung von externem und internem Rechnungswesen:

	Externes Rechnungswesen	Internes Rechnungswesen
Aufgaben	■ Zahlungsbemessung ■ Information	■ Planung ■ Steuerung ■ Kontrolle
Adressaten	■ Kapitalgeber ■ Kunden/Lieferanten ■ Staat ■ Arbeitnehmer	■ Unternehmensleitung
Erfolgsgrößen	■ Ertrag ■ Aufwand	■ Leistung ■ Kosten
Zeitraum der Rechnungserfassung	12 Monate	in der Regel ein oder drei Monate
Rechtsnormen	ja	nein

Statistik und Vergleichsrechnung

Unter Statistik versteht man die Auswertung der Informationen aus

■ der Buchführung,

■ der Kostenrechnung und

■ dem Jahresabschluss.

Statistik

Die Statistik wertet – neben anderen Unterlagen – die Informationen aus, die sie aus der Buchführung, der Kostenrechnung und dem Jahresabschluss erhält. Während diese Quellen vor allem Auskunft über Werte, Wertbewegungen und Wertveränderungen erteilen, können Vergleiche von betrieblichen Vorgängen zusätzliche Informationen über den Betrieb geben.

Die Statistik dient einerseits der Kontrolle der Wirtschaftlichkeit, andererseits der Generierung von Zahlen für die Planung und Disposition. Sie soll die Zahlen sinnvoll aufbereiten und dabei bereits gewonnene Erfahrungswerte und außerbetriebliche Informationen berücksichtigen.

Vergleichs-rechnung   Sollen verschiedenen betriebliche Größen oder Vorgänge gegenübergestellt werden, wendet man die Vergleichsrechnung an. Unter der Vergleichsrechnung versteht man die Gegenüberstellung verschiedener betrieblicher Größen oder Vorgänge eines Unternehmens.

Die Planungsrechnung

Definition   Unter Planungsrechnung versteht man die mengen- und wertmäßige Schätzung der zukünftigen Entwicklung.

Als Grundlage dienen ihr die Zahlen

- der Buchführung,

- der Kostenrechnung,

- des Jahresabschlusses sowie

- der Statistik.

Grundbegriffe des Rechnungswesens

Die unterschiedlichen Erfordernisse, die an das betriebliche Rechnungswesen gestellt werden, setzen eine genaue Bezeichnung der verschiedenen Formen der Zahlungs- und Leistungsvorgänge voraus.

Hierzu sind Grundbegriffe definiert worden, die jeweils eine Form dieser Wertebewegungen widerspiegeln.

Ein- und Auszahlungen

Auf der Ebene des Zu- und Abflusses der liquiden Mittel wird das Begriffspaar „Einzahlungen" und „Auszahlungen" verwendet.

- Einzahlungen umfassen alle Geldzuflüsse, die zu einer Vermehrung der Liquidität eines Betriebs – also des Zahlungsmittelbestands in Form von Bar- und Buchgeld – führen. *Einzahlungen*

- Auszahlungen sind dementsprechend alle Geldabflüsse, die eine Minderung der Liquidität bewirken. *Auszahlungen*

Einnahmen und Ausgaben

Die bewerteten Zugänge an Produktionsfaktoren werden als „Ausgaben", die bewerteten Abgänge an Gütern und Dienstleistungen als „Einnahmen" bezeichnet.

- Die Ausgaben umfassen den Wert, der dem Betrieb von den Beschaffungsmärkten, dem Kapitalmarkt und dem Staat als Produktionsfaktoren zufließt. Dieser Wert ist mit der Abnahme des Geldvermögens – also des Zahlungsmittelbestands zuzüglich des Bestands an Forderungen und abzüglich der Verbindlichkeiten – identisch. *Ausgaben*

Einnahmen

- Unter Einnahmen versteht man hingegen das Entgelt, das die Absatz- und Finanzmärkte sowie der Staat für die gelieferten Güter und Dienstleistungen zahlen; hierbei macht der Umsatz den größten Anteil aus. Das Entgelt ist gleichbedeutend mit der Zunahme des Geldvermögens.

Ertrag und Aufwand

Betrachtet man den Verbrauch und die Erzeugung, spricht man von „Aufwand" und „Ertrag":

Aufwand

- Aufwand ist definiert als der mit beschaffungsmarktorientierten Wertansätzen bewertete Verzehr von Gütern und Dienstleistungen (einer Periode) unabhängig von der Verbrauchsursache.

Ertrag

- Unter Ertrag versteht man indes die mit absatzmarktorientierten Wertansätzen oder Herstellungskosten bewertete Erstellung von Gütern und Dienstleistungen (einer Periode). Die Differenz zwischen Ertrag und Aufwand einer Periode stellt den Gewinn bzw. Verlust im externen Rechnungswesen dar.

Leistung und Kosten

Bei dem internen Rechnungswesen, das nur jene Sachverhalte berücksichtigt, die dem Sachziel des Unternehmens dienen und somit betriebsnotwendig sind, werden die Begriffe „Kosten" und „Leistung" verwendet.

Kosten

- Während unter Kosten der bewertete Verzehr von Produktionsfaktoren, der für die Erstellung und Verwertung der betrieblichen Leistungen und die Aufrechterhaltung der dazu notwendigen Kapazitäten erforderlich ist, verstanden wird,

- fasst man als Leistung die in Erfüllung des Betriebszwecks erstellten Güter und Dienstleistungen auf.   Leistung

Die Abgrenzung von Aufwand und Kosten

Für das Verständnis der Kostenrechnung ist es wichtig, die Abgrenzung der Grundbegriffe, insbesondere zwischen den Begriffen „Aufwand" und „Kosten", genau zu kennen.

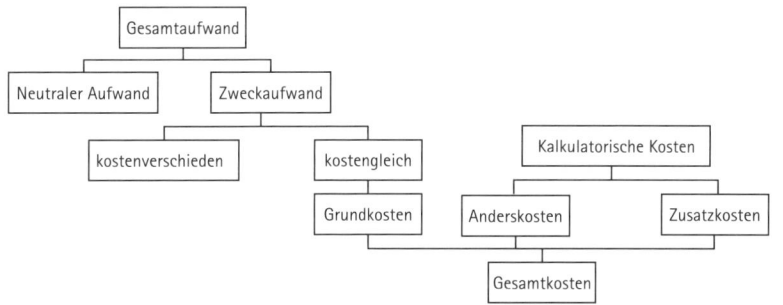

Aufwand und Kosten

Der Gesamtaufwand einer Periode lässt sich in den neutralen Aufwand einerseits und den Zweckaufwand andererseits unterteilen.

Der neutrale Aufwand ist der Verzehr von Gütern und Dienstleistungen, der mit dem eigentlichen Betriebsgeschehen einer Periode in keinem Zusammenhang steht, also nicht sachzielbezogen ist. Er kann   Neutraler Aufwand

- betriebsfremd (z. B. Instandhaltungskosten an vermietetem Objekt),

- periodenfremd (z. B. Steuernachzahlung) oder

- außerordentlich (d. h. nicht zum normalen Betriebgeschehen zuzurechnen, z. B. Aufwand für Wasserschäden) sein.

Resultieren die Aufwendungen aus dem eigentlichen Betriebszweck, sind sie also sachzielbezogen, dann bezeichnet man sie als „Zweckaufwand". Ihnen stehen mengen- und wertmäßig gleiche Kosten ge-   Zweckaufwand genüber (kostengleicher Zweckaufwand, der den Grundkosten entspricht). Der Teil des Zweckaufwands, dem mengen- und/oder wertmäßig andere Kosten gegenüberstehen, wird „kostenverschiedener Zweckaufwand" genannt.

Kalkulatorische Kosten

Die Kostenbestandteile, denen kein oder ein ungleichwertiger Zweckaufwand gegenübersteht, heißen „kalkulatorische Kosten". Ihnen stehen im externen Rechnungswesen entweder andere Mengen- und Wertansätze („Anderskosten") oder gar kein Aufwand („Zusatzkosten") gegenüber. Während die Grundkosten aus der Geschäftsbuchführung übernommen werden, werden die kalkulatorischen Kosten unabhängig von den Aufwendungen festgelegt.

 CD-ROM: RECHENPROGRAMM

Zum Berechnen Ihres Betriebserfolgs auf Basis von Kosten und Leistungen finden Sie auf der CD-ROM ein entsprechendes Rechenprogramm.

Kostenrechnung – die sachzielbezogenen Vorgänge im Unternehmen abbilden

Die Kostenrechnung soll helfen, die mit dem Sachziel verbundenen Vorgänge im Betrieb abzubilden.

Unter Kostenrechnung versteht man die Abbildung der mit dem Sach-ziel verbundenen Vorgänge in einem Unternehmen zur Entschei-dungsvorbereitung hinsichtlich des Einsatzes vorhandener Güter. Die Kostenrechnung ist kurzfristig ausgerichtet und wird fortlaufend durchgeführt.

Definition

Die Kostenrechnung setzt sich aus der

*Betriebsbuch-
führung und
Kalkulation*

- Betriebsabrechnung (Betriebsbuchführung) und der

- Selbstkostenrechnung (Kalkulation)

zusammen. Ihre Aufgabe ist die Erfassung, Verteilung und Zurechnung der Kosten, die bei der betrieblichen Leistungserstellung und -verwer-tung entstehen.

Von der Kostenrechnung werden nur jene Teile des Werteverbrauchs und Wertezuwachses berücksichtigt, die bei der Erfüllung der spezifi-schen Aufgaben des Betriebs, also der Erzeugung von Produkten und deren Absatz, verursacht werden.

Welche Kostenkategorien gibt es?

Die Kosten werden in fixe und variable Kosten unterschieden, und zwar aufgrund der unterschiedlichen Abhängigkeit von der Beschäfti-gungsentwicklung, wobei unter Beschäftigung die tatsächliche Kapazitätennutzung verstanden wird. Diese Unterteilung ist häufig für unternehmerische Entscheidungen wichtig:

Fixe Kosten

Fixe Kosten weisen bei Beschäftigungsschwankungen innerhalb bestimmter Grenzen und innerhalb eines bestimmten Zeitraums keine Veränderungen auf.

- Bleiben sie bei jeglicher Schwankung konstant, werden sie als absolut fixe Kosten bezeichnet.

- Bleiben sie hingegen nur innerhalb bestimmter Beschäftigungsintervalle unverändert, spricht man von sprungfixen Kosten.

Fixe Kosten sind Gemeinkosten; zu ihnen zählen etwa Mieten und Versicherungsprämien.

Variable Kosten

Variable Kosten ändern sich unmittelbar bei Beschäftigungsschwankungen. Sie fallen an, wenn eine Leistung erstellt wird, und können Einzel- oder Gemeinkosten sein. Variable Kosten können verschiedene Verläufe nehmen.

- Bei einem proportionalen Verlauf reagieren die gesamten variablen Kosten im gleichen Maße wie die Beschäftigung,

- bei einem degressiven (progressiven) Verlauf steigen die gesamten variablen Kosten in geringerem (stärkerem) Maße als die Beschäftigung.

Gesamtkosten

Die Summe aus fixen und variablen Kosten ergibt die Gesamtkosten, die sich mathematisch mithilfe von Kostenfunktionen darstellen lassen. Nimmt man einen proportionalen Verlauf der variablen Kosten, lautet die Kostenfunktion:

$K = K_f + k_v \cdot x$, wobei gilt:

K = Gesamtkosten, K_f = fixe Kosten, k_v = variable Kosten, x = Menge

PRAXIS-BEISPIEL: KOSTENFUNKTION

Die Kostenfunktion lautet K = 2.000 + 80 · x. Der erzielte Erlös liegt bei 12 €/Stück (Umsatzfunktion: U = 12 · x).

Es ergibt sich folgende Gesamtkosten- und Umsatzkurve: Die Nutzenschwelle bezeichnet den Übergang von der Verlust- in die Gewinnzone. Grafisch handelt es sich hierbei um den Schnittpunkt von der Kostenkurve und der Umsatzkurve. Das Gewinnmaximum gibt den größtmöglichen Gewinn bei gegebener Kosten- und Umsatzfunktion an. Bei einer linearen Gesamtkostenkurve wird das Maximum an der Kapazitätsgrenze erreicht.

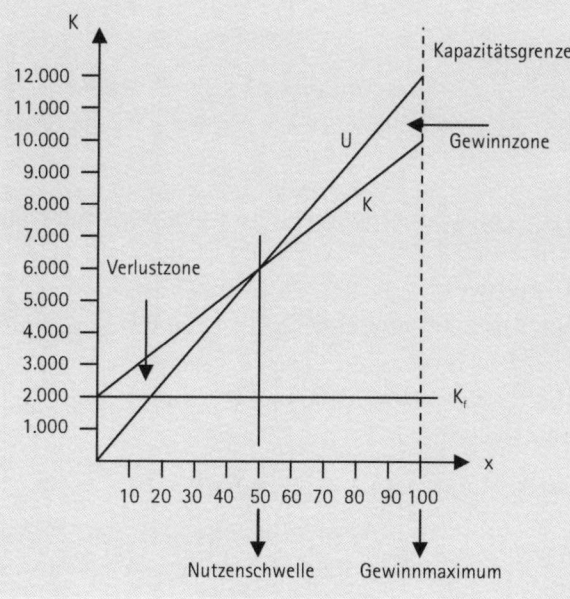

Nach der Verrechnung der Kosten auf die Kostenträger unterscheidet man

- Einzelkosten und

- Gemeinkosten.

Einzelkosten

Die Einzelkosten können unmittelbar den Kostenträgern zugeordnet werden. Einzelkosten sind

- Fertigungsmaterialkosten, die für die Rohstoffe anfallen und unmittelbar in die Erzeugnisse als Hauptbestandteile eingehen,

- Fertigungslohnkosten, die bei der Be- und Verarbeitung des Einzelmaterials anfallen,

- Sondereinzelkosten der Fertigung und des Vertriebs, die nicht den einzelnen Erzeugnissen, sondern den Aufträgen zugerechnet werden.

Gemeinkosten

Gemeinkosten fallen für verschiedene Erzeugnisse gemeinsam an und können deshalb den Kostenträgern nicht eindeutig zugerechnet werden. Echte Gemeinkosten werden in den einzelnen Kostenstellen erfasst und hierüber den Kostenträgern zugeordnet, während sogenannte „unechte Gemeinkosten" zwar Einzelkosten darstellen, aber aus Gründen der Wirtschaftlichkeit nicht direkt den Kostenträgern zugerechnet werden sollen.

Kriterium: Zeitbezug

Das Kriterium für die Einteilung der Kostenrechnung in

- Istkostenrechnung,

- Normalkostenrechnung und

- Plankostenrechnung

ist der Zeitbezug.

Erfasst man die Kosten, die in der abgelaufenen Periode angefallen sind (Vergangenheitsbezug), und verteilt sie auf die in dieser Periode erbrachten Leistungen, spricht man von der Istkostenrechnung. Vorteilhaft ist hierbei, dass Nachkalkulationen der tatsächlichen Stückkosten pro Leistungseinheit möglich sind.

Istkostenrechnung

Zufällige und saisonale Preis- und/oder Mengenschwankungen machen es jedoch notwendig, dass in jeder Periode neue Kalkulationssätze festgelegt werden, sodass innerbetriebliche Zeitvergleiche und Wirtschaftlichkeitsanalysen kaum möglich sind. Hier kommt die Normalkostenrechnung zum Zuge. Die Normalkosten ergeben sich aus den Istkosten mehrerer vergangener Perioden und werden über einen längeren Zeitraum beibehalten. Sie können ganz simpel als reine Durchschnittswerte vergangener Istkosten gebildet werden oder auch zukünftig erwartete Veränderungen mit einbeziehen, wodurch sie sich der Plankostenrechnung annähern.

Normalkostenrechnung

Letztere wird auf Basis der künftigen wirtschaftlichen Entwicklung entwickelt, beruht also auf echten Zukunftswerten und ermöglicht somit Vorkalkulationen.

Plankostenrechnung

Bei späterer Gegenüberstellung von Plan- und Istkosten sind folglich Abweichungsanalysen möglich, die Aufschluss darüber geben können, wo und in welcher Höhe es zu Kostenüber- oder -unterschreitungen gekommen ist. Folgende Übersicht geht auf die Eignung von Ist- und Plankosten ein:

Ist- und Plankostenrechnung

	Planungsaufgabe	Kontrollaufgabe	Informationsaufgabe
Istkostenrechnung	grundsätzlich ungeeignet	zur Ermittlung der Istgrößen notwendig	gut geeignet
Plankostenrechnung	gut geeignet	zur Ermittlung der Sollgrößen notwendig	grundsätzlich ungeeignet

Sämtliche Kostenrechnungen können als Voll- und Teilkostenrechnungen durchgeführt werden.

Vollkostenrechnung

- Bei der Vollkostenrechnung werden sämtliche Kosten, also sowohl die fixen als auch die variablen Kosten, erfasst und auf die Leistungen derselben Periode verrechnet.

Teilkosten- oder Deckungsbeitragsrechnung

- Bei der Teilkostenrechnung wird lediglich ein Teil der Kosten, nämlich die variablen Kosten, auf die Leistungen verrechnet; die fixen Kosten werden hierbei als Block direkt in die Betriebserfolgsrechnung aufgenommen. Die Teilkostenrechnung wird auch als Deckungsbeitragsrechnung bezeichnet.

Erfassung und Verrechnung

Zur Erfassung und Verrechnung der Kosten werden zunächst die Kosten nach ihrer Art in der Kostenartenrechnung klassifiziert.

- Handelt es sich um Einzelkosten, werden diese den Kostenträgern direkt zugerechnet.

- Handelt es sich um Gemeinkosten, werden sie in die Kostenstellenrechnung weitergeleitet und von dort in die Kostenträgerrechnung übergeleitet.

Dieses Vorgehen wird im Folgenden näher erläutert, wobei zunächst von einer Vollkostenrechnung auf Istkostenbasis ausgegangen wird.

Die Kostenartenrechnung

Unter Kostenartenrechnung versteht man die Erfassung sämtlicher Kosten, die für die Erstellung und Verwertung betrieblicher Leistungen einer Periode notwendig sind, nach ihrer Gattung. Die Kostenartenrechnung bildet die Grundlage für die Kostenrechnung.

Definition

Die Kostenartenrechnung beschäftigt sich mit der Frage, welche Kosten in welcher Höhe angefallen sind. Belege dienen dazu festzustellen, welcher Geschäftsvorfall welcherart Kosten verursacht hat und wie ihre Weiterverrechnung (Einzel- oder Gemeinkosten) erfolgen soll. Wichtig ist in diesem Zusammenhang, darauf zu achten, dass die Kosten vollständig, geordnet und periodengerecht erfasst werden. Der Industriekontenrahmen (Klasse 9) hilft Ihnen dabei.

In der Kostenartenrechnung werden Kosten nach der Art der verbrauchten Produktionsfaktoren folgendermaßen erfasst:

Kostenerfassung

- Materialkosten,

- Personalkosten,

- kalkulatorische Kosten und

- Kosten für Fremdleistungen.

Dabei werden unter Kosten für Fremdleistungen solche Leistungen verstanden, die von anderen Wirtschaftseinheiten erbracht werden, z. B. Pachtkosten oder Leasinggebühren (in Ausnahmefällen werden sie als Einzelkosten verrechnet). Zu den Kosten für Fremdleistungen gehören auch Kostensteuern (z. B. Kfz-Steuer) sowie die abgeführten Beiträge und Gebühren an die öffentliche Hand. Im Folgenden sollen die anderen drei Kostenarten kurz vorgestellt werden.

Kosten für Fremdleistungen

Materialkosten

Roh-, Hilfs- und Betriebsstoffe

Materialkosten werden üblicherweise von Roh-, Hilfs- und Betriebsstoffen, aber auch von Zulieferteilen verursacht. Roh-, Hilfs- und Betriebsstoffe werden zusammen mit den Zulieferteilen auch als Werkstoffe bezeichnet, wobei es sich bei den Zulieferteilen um fremdbezogene, ohne weitere Be- oder Verarbeitung in das Produkt eingehende Fertigteile oder Baugruppen handelt.

Handelsware

Produkte, die ohne weitere Be- oder Verarbeitung zur Sortimentserweiterung zugekauft werden, werden als Handelsware bezeichnet.

- Rohstoffe, Zulieferteile und Handelsware zählen im Allgemeinen zu den Materialeinzelkosten,

- die Hilfs- und Betriebsstoffe zu den Materialgemeinkosten.

Personalkosten

Personalkosten entstehen durch den Einsatz des Produktionsfaktors Arbeit und untergliedern sich in Personalbasiskosten, Personalzusatzkosten sowie sonstige Personalkosten.

Personalbasiskosten

- Personalbasiskosten umfassen die Zeit- und Leistungslöhne der Arbeitnehmer. Während Fertigungslöhne als Einzelkosten verrechenbar sind, gelten Hilfslöhne als Gemeinkosten, da sie sich nicht direkt zurechnen lassen. Da bei Zeitlöhnen kein direkter Leistungsbezug feststellbar ist, zählen sie nur in Ausnahmefällen zu den Einzelkosten (z. B. Produktmanager).

Personalzusatzkosten

- Personalzusatzkosten gehen über die Zeit- und Leistungslöhne hinaus und umfassen sowohl gesetzliche (z. B. gesetzliche Unfallsversicherung) als auch freiwillige (z. B. Zuschüsse) Sozialkosten.

Sonstige Personalkosten

- Sonstige Personalkosten fallen bei Veränderungen im Personalbereich an, z. B. Abfindungs- oder Vorstellungskosten.

Kalkulatorische Kosten

Unter kalkulatorischen Kosten versteht man Kosten, denen kein Auf- Definition
wand (Zusatzkosten) oder ein Aufwand in anderer Höhe (Anderskosten) gegenüberstehen. Sie werden für eine höhere Aussagefähigkeit
angesetzt.

Sie werden angesetzt, um Kosten von Zufälligkeiten und Unregelmä-
ßigkeiten zu befreien. Die kalkulatorischen Kosten ermöglichen es
zudem, jenen Verzehr an Gütern und Dienstleistungen bei der Ermittlung der Selbstkosten zu berücksichtigen, denen keine Aufwendungen
gegenüberstehen. Dank der kalkulatorischen Kosten können inner-
und zwischenbetriebliche Vergleiche gezogen werden.

Als kalkulatorische Kosten gelten allgemein

■ kalkulatorische Abschreibungen,

■ Zinsen des betriebsnotwendigen Kapitals,

■ Wagniskosten,

■ kalkulatorischer Unternehmerlohn sowie

■ kalkulatorische Miete.

PRAXIS-BEISPIEL: UNTERNEHMERLOHN

Bei Personengesellschaften und Einzelunternehmen erhalten die mitarbeitenden
Gesellschafter kein Gehalt, sondern einen Gewinn. Da ihre Tätigkeiten jedoch einen Dienstleistungsverzehr darstellen, sind sie kalkulatorisch anzusetzen. Angesetzt werden üblicherweise Gehälter gleich befähigter Führungskräfte.

Die Kostenstellenrechnung

Definition

Unter Kostenstellenrechnung versteht man die Ermittlung der Kosten eines Bereichs. Die Kostenstellenrechnung bildet die zweite Stufe der Kostenrechnung und stellt das Bindeglied zwischen der Kostenarten- und der Kostenträgerrechnung dar.

Funktionen

Die Kostenstellenrechnung soll im Wesentlichen

- eine differenzierte Zurechnung der Gemeinkosten auf die Kostenträger (Kostenvermittlungsfunktion),

- eine Kontrolle der in einer Kostenstelle entstandenen Kosten (Kostenkontrollfunktion) sowie

- die Ermittlung von Sätzen für die Vor- und Nachkalkulation

ermöglichen.

Funktions-
bereiche

Zur Bildung von Kostenstellen wird der Betrieb üblicherweise zunächst in Funktionsbereiche untergliedert. Typische Funktionsbereiche in einem Industriebetrieb sind

- der Materialbereich,

- der Fertigungsbereich,

- der Verwaltungsbereich und

- der Vertriebsbereich.

Diese Funktionsbereiche werden weiter in Kostenstellen aufgeteilt. Die Tiefe der Kostenstellenbildung hat nach Wirtschaftlichkeitsaspekten zu erfolgen.

Nach der Art der Verrechnung der Gemeinkosten lassen sich Haupt- und Hilfskostenstellen unterscheiden:

- Hauptkostenstellen sammeln die von ihnen verursachten Kosten und verrechnen diese direkt an die Kostenträger weiter. Hauptkostenstellen werden auch „Endkostenstellen" genannt.

  Hauptkosten-
stellen

- Hilfskostenstellen dienen ausschließlich dazu, innerbetriebliche Güter und Dienstleistungen herzustellen (z. B. interne Reparaturabteilung für Maschinen). Die durch Hilfskostenstellen verursachten Kosten werden daher nicht direkt auf die Kostenträger, sondern vollständig auf andere Kostenstellen (Hilfs- und Hauptkostenstellen) verteilt. Hilfskostenstellen werden auch als „Vorkostenstellen" bezeichnet.

  Hilfskosten-
stellen

Jeder Funktionsbereich kann sowohl Hilfs- als auch Hauptkostenstellen aufweisen.

Der Betriebsabrechnungsbogen (BAB)

Als Arbeitsmittel zur Kostenstellenrechnung hat sich in der Praxis der Betriebsabrechnungsbogen (BAB) bewährt, ein tabellarisches System, das meist monatlich aufgestellt wird. Beim BAB finden sich

Tabellarisches
System

- in den Spalten die nach Funktionsbereichen angeordneten Kostenstellen,

- in den Zeilen die Gemeinkostenarten.

Ziel des BAB ist es, am Ende die Gemeinkosten auf die Hauptkostenstellen verteilt zu haben, um sie den Kostenträgern zurechnen zu können. Dies geschieht in drei Schritten:

- In einem ersten Schritt werden alle Gemeinkosten – die auch als „primäre Gemeinkosten" bezeichnet werden, da sie Kosten für Güter und Dienstleistungen sind, die der Betrieb direkt von den Beschaffungsmärkten bezogen hat – aus der Kostenartenrechnung

  Schritt 1

aufgenommen und auf die verschiedenen Hilfs- und Hauptkostenstellen verteilt.

Schritt 2 ■ In einem zweiten Schritt werden die Kosten der Hilfskostenstellen vollständig auf die Hauptkostenstellen verteilt (innerbetriebliche Leistungsverrechnung), sodass die Hilfskostenstellen keine Endkosten mehr aufweisen. Die Kosten, die von den Hilfskostenstellen auf andere Kostenstellen verteilt werden, werden „sekundäre Gemeinkosten" genannt. Ihre verursachungsgerechte Zurechnung erweist sich in der Praxis oftmals als schwierig. Sind alle Gemeinkosten auf die Hauptstellen verteilt, kann der BAB abgeschlossen werden.

Schritt 3 ■ In einem dritten Schritt werden nun die pro Hauptstelle ermittelten (kumulierten) Gemeinkosten auf die Kostenträger verteilt. Dazu wird pro Funktionsbereich eine Bezugsgröße gewählt, die in Relation zu den Gemeinkosten gesetzt wird (z. B. für den Materialbereich die Materialeinzelkosten).

 CD-ROM: BETRIEBSABRECHNUNGSBOGEN

Auf Ihrer CD-ROM finden Sie einen Betriebsabrechnungsbogen für Ihr Unternehmen.

Die Kostenträgerrechnung

Definition Unter Kostenträgerrechnung versteht man die Zurechnung der Kosten (und Erlöse) auf die einzelnen Kostenträger. Sie bildet den Abschluss der Kostenrechnung.

Als Kostenträger unterscheidet man zwischen den absatzbestimmten Leistungen und den Eigenleistungen. Absatzbestimmte Leistungen können sowohl abgesetzte Fertigerzeugnisse als auch die noch nicht abgesetzten Halb- und Fertigfabrikate sein. Als Eigenleistung gelten alle selbst erstellten und aktivierten Anlagen und Einrichtungen. Werden sie in derselben Periode erstellt und verbraucht, verrechnet man sie als Gemeinkosten.

Absatz-
bestimmte
Leistungen und
Eigenleistungen

Bei der Kostenträgerrechnung unterscheidet man Kostenträgerstückrechnung und Kostenträgerzeitrechnung.

Die Kostenträgerstückrechnung

Unter Kostenträgerstückrechnung versteht man die Ermittlung der Selbstkosten je Leistungseinheit. Hier spricht man auch von Kalkulation.

Definition

Diese Kalkulation kann vergangenheitsorientiert (Nach- oder Zwischenkalkulation) oder auch zukunftsorientiert (Vorkalkulation) sein. In Abhängigkeit der Produktionsverfahren gibt es unterschiedliche Kalkulationsverfahren.

Vergangen-
heits- oder
zukunfts-
orientiert

Die Kostenträgerstückrechnung stellt die Grundlage für die Preispolitik dar.

PRAXIS-BEISPIEL: KOSTENTRÄGERSTÜCKRECHNUNG

Die Rosen-KG stellt in großen Mengen (Massenfertigung) ihren Kassenschlager „Rote Rose", eine parfümierte Plastikrose, her. Da die Nachfrage so groß ist, können die hergestellten Rosen auch gleich abgesetzt werden. Folgende Kosten fallen im März 2002 an: Materialkosten 50.000 €, Personalkosten 30.000 €, sonstige Kosten 4.500 €. In diesem Monat werden 50.000 Rosen hergestellt.

Die Kosten ergeben sich aus der Division der Gesamtkosten durch die produzierte Menge:

$$\text{Stückkosten} = \frac{K}{x} = \frac{(50.000\ € + 30.000\ € + 4.500\ €)}{50.000} = 1,69\ €/\text{Stück}$$

 CD-ROM: KALKULATIONSPROGRAMM

Zur Kalkulation der Produkte Ihres Unternehmens haben wir Ihnen auf der CD-ROM einige Rechenprogramme zusammengestellt.

Die Kostenträgerzeitrechnung

Definition   Kostenträgerzeitrechnung bezeichnet die Gegenüberstellung der Leistungen und Kosten zur Ermittlung des Betriebsergebnisses einer Periode.

Bei der Kostenträgerzeitrechnung, auch „kurzfristige Erfolgsrechnung" genannt, werden die Einzel- und Gemeinkosten einer – meist unterjährigen – Periode auf die Kostenträger verrechnet und den jeweiligen Erlösen gegenübergestellt. Die Kostenträgerzeitrechnung ermöglicht es, den leistungsbezogenen Erfolg eines Betriebs für einen Zeitraum zu ermitteln.

Zwei Verfahren   Dabei kommen zwei Verfahren zum Tragen: das Gesamtkostenverfahren und das Umsatzkostenverfahren. Sie führen stets zum gleichen Ergebnis, gliedern jedoch die Kosten etwas anders (vgl. hierzu auch das Kapitel „Jahresabschluss").

PRAXIS-BEISPIEL: GESAMTKOSTENVERFAHREN

Es gilt das Beispiel der Kostenträgerstückrechnung. Die Rosen-KG verkauft ihre „Rote Rose" für € 2,50 pro Stück. Eine Gegenüberstellung der Kosten mit den Erlösen ergibt folgendes Betriebsergebnis (BE):

BE = Erlöse – Gesamtkosten = (50.000 Stück x 2,50 €/Stück) – 84.500 €
    = 40.500 €

Die Plankostenrechnung

Unter Plankostenrechnung versteht man die Kostenermittlung auf Basis zukünftiger wirtschaftlicher Entwicklungen und Erwartungen und Vorgabe dieser Kosten für einzelne Kostenstellen und Kostenträger.

Definition

Die Plankostenrechnung wendet den Blick in die Zukunft. Auf diese Weise können Sie die anfallenden Kosten besser planen und am Ende einer Periode eine Soll-Ist-Analyse durchführen, wodurch sich Abweichungen genauer feststellen lassen.

Die flexible Plankostenrechnung gibt den einzelnen Kostenstellen bestimmte Plankosten auf Basis einer bestimmten (durchschnittlichen) Planbeschäftigung für eine Periode (z. B. ein Jahr) vor, wobei die Plankosten im Laufe der Periode an den tatsächlich erreichten Beschäftigungsgrad angepasst werden. Plankosten zu Istbeschäftigung werden als „Sollkosten" bezeichnet. Voraussetzung für die flexible Plankostenrechnung ist eine Trennung in fixe und variable Kosten.

Flexible Plankostenrechnung

Abweichungs-analyse

Folgende Abweichungen treten dabei auf:

- Preisabweichung: Istkosten zu Istpreisen minus Istkosten zu Planpreisen,

- Verbrauchsabweichung: Istkosten zu Plan-Preisen minus Sollkosten,

- Beschäftigungsabweichungen: Sollkosten minus verrechnete Plankosten.

Die flexible Plankostenrechnung ermöglicht also eine nach Kostenstellen und Kostenarten differenzierte Kostenkontrolle.

Die Deckungsbeitragsrechnung

Definition

Unter Deckungsbeitragsrechnung versteht man die Gegenüberstellung von Erlösen und Teilkosten. In Abhängigkeit von der Abgrenzung der Teilkosten zu den Restkosten unterscheidet man das Direct Costing (Teilkosten = variable Kosten, Restkosten = fixe Kosten) und die relative Einzelkostenrechnung (Teilkosten = Einzelkosten, Restkosten = Gemeinkosten).

Die bisherigen Ausführungen gingen davon aus, dass sämtliche anfallenden Kosten auf die einzelnen Kostenträger verrechnet werden (Vollkostenrechnung). Für die Kalkulation ist es hingegen zweckmäßig, nur Teile der Kosten auf die Kostenträger zu verteilen. Wir wechseln also von der Vollkosten- zur Teilkostenrechnung bzw. zur Deckungsbeitragsrechnung. Die Deckungsbeitragsrechnung umfasst wie bisher auch alle Teile der Kostenrechnung (d. h. Kostenarten-, Kostenstellen- und Kostenträgerrechnung), doch werden nur bestimmte Kostenteile auf die Kostenträger verrechnet.

Bei folgenden Entscheidungen hilft Ihnen die Deckungsbeitragsrechnung:

- Gewinnschwellenermittlung: Wo erreichen die gesamten Erlöse die gesamten Kosten?

- Ermittlung einer Preisuntergrenze: Welchen Angebotspreis müssen Sie mindestens fordern?

- Welche Produkte erzielen den höchsten Gewinnbeitrag?

- Lohnen sich (kleinere) Zusatzaufträge zu besseren Kapazitätsauslastung?

- Make-or-Buy: Lohnt sich die Eigenfertigung oder ist der Fremdbezug vorteilhafter?

Die Grundformel der Deckungsbeitragsrechnung lautet dabei wie folgt:

Deckungsbeitrag = Erlöse – Teilkosten

Betriebserfolg   = Deckungsbeitrag – Restkosten

Grundformel

Die Deckungsbeitragsrechnung kommt in zwei Formen vor und unterscheidet sich in der Abgrenzung der Teilkosten von den Restkosten.

- Werden die variablen und die fixen Kosten unterschieden, bezeichnet man die Deckungsbeitragsrechnung auch als „Direct Costing".

Direct Costing

- Trennt man hingegen Einzel- und Gemeinkosten, bezeichnet man sie auch als „relative Einzelkostenrechnung".

Relative Einzelkosten-rechnung

PRAXIS-BEISPIEL: DECKUNGSBEITRAGSRECHUNG

Die Garten-GmbH stellt die Produkte Rasenschere und Harke her. Für die Rasenschere (Harke) ergeben sich folgende Kosten:

Material 40.000 € (35.000 €), Fertigungslöhne 20.000 € (30.000 €) und produktfixe Kosten 5.000 € (2.000 €). Weiterhin fallen fixe Kosten für Verwaltung und Vertrieb in Höhe von 8.000 € an.

Bei den Rasenscheren (Harken) erzielt die Garten-GmbH einen Nettoumsatz in Höhe von 100.000 € (120.000 €). Es ergibt sich folgendes Betriebsergebnis:

in €	Rasenschere	Harke
Nettoumsatz	100.000	120.000
- Material	40.000	35.000
- Fertigungslöhne	20.000	30.000
= Deckungsbeitrag I	40.000	55.000
- produktfixe Kosten	5.000	2.000
= Deckungsbeitrag II	35.000	53.000
- Fixe Kosten Verw. und Vertr.	8.000	
= Betriebsergebnis	80.000	

CD-ROM: KALKULATIONSPROGRAMM

Zur Kalkulation Ihrer Produkte haben wir Ihnen auf der CD-ROM ein Rechenprogramm installiert.

Die Break-even-Analyse

Ein Spezialfall der Deckungsbeitragsrechnung ist die Ermittlung des
Kostendeckungspunkts. Für die Betriebsführung ist es wichtig zu wissen, ob ein Produkt zur Deckung der Fixkosten beiträgt oder nicht, ob
also der Absatzpreis höher ist als seine variablen Kosten. Bei der
Break-even-Analyse, auch „Gewinnschwellenanalyse" genannt, wird
untersucht, wann die erzielten Deckungsbeiträge die fixen Kosten
genau abdecken (Break-even-Punkt). Grafisch sieht das so aus:

Deckungsbeitrag (DB)

Fixkosten (K_f)

Break-even-
Analyse

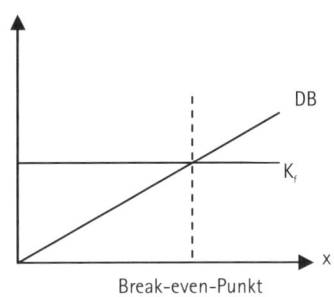

Der Break-even-Punkt lässt sich mit folgender Formel errechnen:

$$BE = \frac{K_f}{p - k_v}$$

BE = Break-even-Point, K_f= Fixkosten, p = Absatzpreis, k_v = variable Kosten

PRAXIS-BEISPIEL: BREAK-EVEN-ANALYSE

Ein Einproduktunternehmen untersucht, wann bei seinem Produkt der Break-even-Punkt erreicht ist. Es liegen ihm folgende Informationen vor: fixe Kosten 50.000 €, variable Kosten 4 €/Stück, der Absatzpreis beträgt 6 €/Stück.

$$BE = \frac{50.000 \ €}{6 \ €/\text{Stück} - 4 \ €/\text{Stück}} = 25.000 \ \text{Stück}$$

Neuere Verfahren der Kostenrechnung

So wie sich die Rahmenbedingungen für Unternehmen im Laufe der Zeit geändert haben, so haben sich auch die Kostenstrukturen der Unternehmen geändert. Modifizierungen der bestehenden und die Entwicklung neuer Verfahren haben dazu geführt, dass neben die bisher eher operativ orientierte Kostenrechnung strategisch orientierte Methoden, z. B. die Prozesskostenrechnung und das Target Costing, getreten sind.

Prozesskosten-rechnung

Unter Prozesskostenrechnung, auch „Activity Based Costing" genannt, versteht man die Verrechnung der Gemeinkosten der indirekten Betriebsbereiche auf Basis der unternehmensinternen Prozesse, die zur Erreichung des Sachziels des Unternehmens notwendig sind.

Sie wurde notwendig, als man merkte, dass der Gemeinkostenanteil übermäßig zunahm, sodass eine sinnvolle, ursachengerechte Verteilung auf die Einzelkosten gar nicht mehr möglich war. Zudem gewannen die Unternehmensabläufe an Bedeutung, da sie teilweise für erhebliche Kosten sorgten. Dies gab schließlich den Anstoß zur Entwicklung der Prozesskostenrechnung, die, als Vollkostenrechnung konzipiert, ihr Hauptanwendungsgebiet in den indirekten Betriebsbereichen (Gemeinkostenbereichen) findet.

Target Costing bezeichnet ein marktorientiertes Kostenmanagement zur Bildung, Sicherung und Kontrolle produktorientierter Kostenvorgaben.

Target Costing

Auf Käufermärkten mit hohem Wettbewerb ist die Kostenstruktur eines Unternehmens oftmals von entscheidender Bedeutung: Da es hier dem Unternehmen nicht möglich ist, den erzielbaren Preis zu bestimmen, kann die Wettbewerbsfähigkeit nur über die Steuerung der Selbstkosten eines Produkts erreicht werden. Bei der Produktentwicklung geht es daher nicht mehr um die Frage, was ein Produkt kosten wird, sondern wie viel es überhaupt kosten darf. Target Costing, auch „Zielkostenrechnung" genannt, versucht, dieser marktorientierten Produktkostensteuerung gerecht zu werden und innerhalb der Produktentwicklung möglichst frühzeitig auf die Kosten Einfluss zu nehmen.

CHECKLISTE: KOSTENRECHNUNG

Frage	Bemerkung
Welche Kostenarten sind in Ihrem Unternehmen zu unterscheiden?	
Welche Kostenarten können und wollen Sie den Kostenträgern direkt zurechnen?	
Wie sind die Kostenstellen in Ihrem Unternehmen in Vor- und Hauptkostenstellen untergliedert?	
Benutzen Sie zur Verrechnung der Gemeinkosten den BAB?	
Wie hoch sind die Selbstkosten Ihrer Unternehmensprodukte?	
Wie teilen sich die Kosten in fixe und variable Bestandteil auf?	
Welchen Deckungsbeitrag erwirtschaften die Produkte Ihres Unternehmens?	
Wann erreichen die Produkte Ihres Unternehmens ihren Break-even-Punkt?	
Nutzen Sie die Möglichkeiten der Soll-Ist-Analyse? Ermitteln Sie hierzu die Plan- und Sollkosten?	
Nutzen Sie die Möglichkeiten der strategisch orientierten Kostenrechnung?	

Der Jahresabschluss –
die Unternehmensabbildung nach außen

Unter Jahresabschluss versteht man die Abbildung der Abschlüsse aller Bestands- und Erfolgskonten der Finanzbuchhaltung eines Unternehmens am Periodenende. Definition

Der Jahresabschluss ist das einzige gesetzlich normierte Informationsinstrument eines Unternehmens, folglich werden Sie in diesem Kapitel mit einer Vielzahl von Paragrafen konfrontiert werden. Doch keine Angst, Sie sollen kein Bilanzierungsexperte werden: Unser Ziel ist es, Ihnen ein Gefühl für den Jahresabschluss zu vermitteln, zu erklären, wofür er steht, was er will und welche Informationen Sie aus ihm ziehen können (und welche nicht). Insofern werden wir Ihnen zunächst kurz die Rahmenbedingungen des Jahresabschlusses erläutern. Hierbei gehen wir grundsätzlich auf den Jahresabschluss als handelsrechtlichen Einzelabschluss ein. Andere Abschlüsse, z. B. den steuerrechtlichen Einzelabschluss oder den Konzernabschluss, werden wir nur streifen und entsprechend hervorheben.

Was ist der handelsrechtliche Jahresabschluss?

Der Jahresabschluss wird aus der Finanzbuchführung abgeleitet und ist Bestandteil des externen Rechnungswesens. Hierbei unterscheidet man insbesondere den handelsrechtlichen und den steuerrechtlichen Jahresabschluss. Die Verknüpfung zwischen diesen beiden Jahresabschlüssen bezeichnet man als „Maßgeblichkeit".

Aufgaben

Der Jahresabschluss wird in regelmäßigen Abständen (ein Jahr) erstellt. Seine Aufgabe ist es, zum einen den ausschüttbaren Jahresüberschuss festzustellen und zum andern das Unternehmen und diejenigen Adressaten, die ein berechtigtes Interesse am Unternehmen haben – also Kapitalgeber, Gläubiger, Arbeitnehmer und den Staat – über die wirtschaftliche Situation des Unternehmens zu informieren.

Bestandteile

Handelsrechtlich bilden

- Bilanz sowie

- Gewinn- und Verlustrechnung (GuV)

den Jahresabschluss (§ 242 III HGB), der bei Kapitalgesellschaften um einen

- Anhang sowie gegebenenfalls einen

- Lagebericht zu ergänzen (§ 264 I HGB) ist.

Der Jahresabschluss ist bei Aufnahme der Tätigkeit und zum Ende eines jeden Geschäftsjahres aufzustellen (§ 242 I HGB). Die Aufstellung muss in deutscher Sprache und in Euro erfolgen (§ 244 HGB). Das Geschäftsjahr umfasst zwölf Monate und kann vom Kalenderjahr abweichen.

Die Begriffe „Jahresabschluss" und „Bilanz" werden häufig synonym verwendet – wie Sie sehen, besteht bei genauerer Betrachtung jedoch ein klarer Unterschied.

Was bedeutet Rechnungslegungspflicht?

Jedes Unternehmen ist grundsätzlich zur Rechnungslegung verpflichtet. Die Rechtsgrundlagen zur Erstellung und Veröffentlichung finden sich insbesondere im Dritten Buch des HGB (§§ 238–342a) sowie im Publizitätsgesetz (§§ 1 und 9).

CD-ROM: ÜBERBLICK

Einen Überblick, welches Unternehmen in welcher Form zur Rechnungslegung, Prüfung und Offenlegung verpflichtet ist, finden Sie auf der CD-ROM.

Die Bestimmungen differenzieren nach Rechtsform und Größe des Unternehmens. Vergleichen Sie hierzu auch §§ 264a–264c HGB.

Bei der Rechnungslegung sind die Grundsätze ordnungsmäßiger Buchführung (GoB) zu berücksichtigen, die folgende Teilbereiche umfassen:

- Grundsätze ordnungsmäßiger Buchführung im engeren Sinne (§ 238 I HGB),

- Grundsätze ordnungsmäßiger Inventur (§ 241 I HGB indirekt),

- Grundsätze ordnungsmäßiger Bilanzierung (§§ 243 I und 264 II HGB).

GoB

Die Grundsätze ordnungsmäßiger Bilanzierung beziehen sich sowohl auf die formale Bilanzgestaltung (Was muss in der Bilanz ausgewiesen werden?) als auch auf die materielle Gestaltung der Bilanz (Mit welchem Wert soll etwas ausgewiesen werden?).

Bei der Aufstellung der Bilanz müssen folgende Fragen geklärt werden:

Bilanz

- Was ist bilanzierungsfähig (Inhalt der Bilanz)?

- Wie sind die bilanzierungsfähigen Positionen zu gliedern (Gliederung der Bilanz)?

- Wie sind die bilanzierungsfähigen und gegliederten Positionen zu bewerten (Bewertung der Bilanz)?

Inhalt, Gliederung und Bewertung in der Bilanz

Aktiva und Passiva

Die Bilanz ist eine Gegenüberstellung des Vermögens (Aktiva) und des Eigen- und Fremdkapitals (Passiva) eines Unternehmens zu einem bestimmten Zeitpunkt. (Lesen Sie hierzu auch das Kapitel zu Investition und Finanzierung ab Seite 123.)

Aktiva	Bilanz zum ...	Passiva
Vermögen	Eigenkapital	
	Fremdkapital	

Ansatz-vorschriften

Die Bilanz muss klar und übersichtlich sein und den GoB entsprechen. Die Ansatzvorschriften legen dabei fest, welche Positionen in der Bilanz angesetzt werden müssen, können oder nicht angesetzt werden dürfen. Sie gelten sowohl für die Aktiva als auch für die Passiva. Man unterscheidet zwischen

Gebote

- Ansatzgeboten, die eine Bilanzierung erzwingen. Grundsätzlich sind alle bilanzierungsfähigen Positionen in die Bilanz aufzunehmen, sofern für sie kein Wahlrecht oder ein Verbot besteht;

Wahlrechte

- Ansatzwahlrechten, bei denen der Bilanzierende sich aussuchen darf, ob er die Position ansetzt;

Verbote

- Ansatzverboten, also Positionen, die nicht angesetzt werden dürfen.

Aufbauend auf diese Ansatzvorschriften sieht das Gesetz eine bestimmte Bilanzgliederung vor. Obgleich diese nur für Kapitalgesellschaften gilt, findet sie auch bei Nicht-Kapitalgesellschaften Anwendung.

CD-ROM: ANSATZVORSCHRIFTEN

Die Ansatzvorschriften und die Bilanzgliederung finden Sie auf Ihrer CD-ROM.

Die Bilanz ist in Kontoform aufzustellen (§ 266 I HGB): Posten der Aktivseite dürfen mit Posten der Passivseite nicht verrechnet werden (§ 246 II HGB).

Die Bewertung erfolgt grundsätzlich auf der Basis allgemeiner Bewertungsgrundsätze, die im Wesentlichen den GoB entsprechen, durch das HGB aber noch weiter spezifiziert werden.

Bewertung

- Das Eigenkapital ist mit dem Nennbetrag, die Verbindlichkeiten sind zum Rückzahlungsbetrag anzusetzen.

- Interessanter wird die Bilanzierung beim Anlage- und Umlaufvermögen (Aktivseite) sowie bei den Rückstellungen (Passivseite): Die Aktiva sind mit den Anschaffungs- oder Herstellungskosten zu bewerten (§ 253 I 1 HGB), wobei der Werteverzehr bei den abnutzbaren Wirtschaftsgütern des Anlagevermögens berücksichtigt werden muss (der Wert der Güter ist entsprechend um diese Abschreibung zu mindern [§ 253 II HGB]).

- Die Abschreibungen werden in der Regel im Voraus geplant (planmäßige Abschreibungen) und sind in einem Abschreibungsplan (Anlagespiegel) darzulegen. Außerplanmäßige Abschreibungen hingegen können sich auf alle Vermögensgegenstände beziehen und dürfen nur beim Eintritt bestimmter Voraussetzungen vorgenommen werden.

PRAXIS-BEISPIEL: AUSSERPLANMÄSSIGE ABSCHREIBUNG

Eine Maschine wurde am 02.01.2003 zu € 50.000 angeschafft und wird linear über fünf Jahre abgeschrieben. Aufgrund einer Überschwemmung der Produktionshalle im Jahr 2005 wird die Maschine irreparabel zerstört, eine Reparatur ist nicht mehr möglich. Da die Maschine nicht mehr eingesetzt werden kann, wird sie vollständig und außerhalb des Abschreibungsplans auf 0 € abgeschrieben.

Noch ein Wort zu den Herstellungskosten, die § 255 HGB regelt. Wie die nachfolgende Aufstellung zeigt, bieten sie für die Ansatzhöhe eines Vermögensgegenstands einen erheblichen Spielraum. Denn jene Bestandteile, die nicht aktiviert werden, gehen gleich als Aufwendungen in die GuV ein:

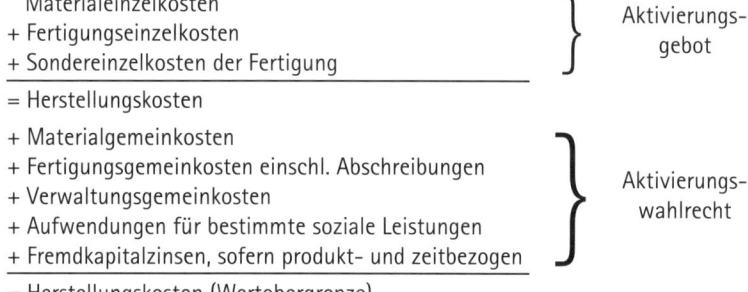

```
    Materialeinzelkosten
  + Fertigungseinzelkosten                                  ⎫  Aktivierungs-
  + Sondereinzelkosten der Fertigung                        ⎬  gebot
  ─────────────────────────────────────                    ⎭
  = Herstellungskosten

  + Materialgemeinkosten
  + Fertigungsgemeinkosten einschl. Abschreibungen          ⎫
  + Verwaltungsgemeinkosten                                 ⎬  Aktivierungs-
  + Aufwendungen für bestimmte soziale Leistungen           ⎬  wahlrecht
  + Fremdkapitalzinsen, sofern produkt- und zeitbezogen     ⎭
  ─────────────────────────────────────
  = Herstellungskosten (Wertobergrenze)
```

PRAXIS-BEISPIEL: HERSTELLUNGSKOSTEN

Die Schrauben GmbH ermittelt folgende Kosten für eine selbst erstellte Maschine: Materialeinzelkosten 20.000 €, Fertigungseinzelkosten 15.000 €, Materialgemeinkosten 2.000 €. Da für die Materialgemeinkosten ein Aktivierungswahlrecht besteht, kann sie die Maschine sowohl für 37.000 € als auch für 35.000 € aktivieren. Entscheidet sie sich für 35.000 €, gehen die Materialgemeinkosten als Aufwand in die GuV mit ein.

Die Bildung von Rückstellungen regelt § 249 HGB. Rückstellungen werden im Wesentlichen für solche Verbindlichkeiten gebildet, die mit hoher Wahrscheinlichkeit erwartet werden, deren Eintrittszeitpunkt und/oder deren Höhe jedoch ungewiss ist. Eine Auflösung von Rückstellungen ist nur möglich, wenn der Grund ihrer Bildung entfallen ist.

Rückstellungen

Und noch ein Begriff sei kurz erklärt: der Rechnungsabgrenzungsposten. Seine Aufgabe ist es, Zahlungen, die bereits für ein anderes Geschäftsjahr geleistet wurden, abzugrenzen. Sie kommen sowohl auf der Aktivseite als auch auf der Passivseite vor und sind in §§ 246 I und 250 HGB geregelt.

Rechnungs-abgrenzungs-posten

PRAXIS-BEISPIEL: RECHNUNGSABGRENZUNGSPOSTEN

Die Taurus KG bezahlt am 01.11.2004 für angemietete Büroräume eine quartalsbezogene Miete in Höhe von 3.000 €. Da ihr Geschäftsjahr mit dem Kalenderjahr endet, betrifft ihre Mietzahlung zu einem Drittel (01.01.–31.01.) das neue Geschäftsjahr, sodass sie einen aktiven Rechnungsabgrenzungsposten in Höhe von 1.000 € bildet.

Die Gewinn- und Verlustrechnung (GuV)

In der Bilanz haben Sie auf der einen Seite das Vermögen, auf der anderen Seite die Kapitalherkunft gegenübergestellt. Ist am Ende des Geschäftsjahres das Vermögen größer als die Menge des zur Verfügung gestellten Kapitals, hat das Unternehmen einen Gewinn erwirtschaftet. Aus dieser Gegenüberstellung kann man aber noch nicht erkennen, woher der Gewinn gekommen ist. Dazu dient die Gewinn- und Verlustrechnung.

Erträge und Aufwendungen eines Jahres

Während die Bilanz die Vermögens- und Kapitalverhältnisse zu einem bestimmten **Zeitpunkt** vergleicht, werden bei der Gewinn- und Verlustrechnung die Erträge und Aufwendungen eines bestimmten **Zeitraums** (in der Regel eines Geschäftsjahres) gegenübergestellt. Die dafür vorgesehene Form ist die Staffelform (§ 275 I HGB), wobei kleine und mittelgroße Kapitalgesellschaften bei der Aufstellung einige Erleichterungen in Anspruch nehmen können (§ 276 HGB). Erträge und Aufwendungen dürfen grundsätzlich nicht miteinander verrechnet werden (§ 246 II HGB).

 PRAXIS-BEISPIEL: BESTANDSÄNDERUNGEN

Herr Rauch überlegt: Für einen Großauftrag wurden in den letzten drei Monaten des Jahres Scherzartikel gefertigt, die in der kommenden Karnevalssaison verkauft werden sollen. Wie wird sich das auf das Betriebsergebnis auswirken? Schließlich sind die Kosten im vergangenen Jahr angefallen, die Umsatzerlöse entstehen aber erst im kommenden Februar. Beides ist irgendwie unter einen Hut zu bringen.

Immer dann, wenn sich die produzierte und die abgesetzte Menge eines Geschäftsjahres nicht gleichen – und das ist zumeist der Fall –, müssen die Kosten und die Umsatzerlöse aneinander angepasst werden. Die Kosten sind abhängig von der hergestellten Menge, die Umsatzerlöse von der abgesetzten. Die Vergleichbarkeit kann man nach zwei Verfahren erzielen, die beide zum gleichen Ergebnis führen: dem Gesamtkostenverfahren und dem Umsatzkostenverfahren.

Ausgangspunkt beim Gesamtkostenverfahren sind die Umsatzerlöse. Haben sich Bestände an Material, unfertigen oder fertigen Erzeugnissen im Lauf des Jahres erhöht, war das in der Regel mit Kosten verbunden. Schließlich waren dafür betriebliche Leistungen erforderlich, auch wenn sie noch nicht zu einem Umsatz geführt haben. Demzufolge werden die Bestandserhöhungen zu den Umsatzerlösen addiert. Im Gegenzug müssen Bestandsreduzierungen, also bereits im vergangenen Jahr aufgebaute Bestände, die nun verkauft werden, von den Umsatzerlösen wieder abgezogen werden.

Gesamtkostenverfahren

Selbstverständlich ist es erforderlich, die Bestandsveränderungen mit einer Wertgröße (d. h. einem Euro-Betrag) in die Rechnung einzustellen. Da die Produkte noch nicht verkauft wurden, dürfen ihnen keinesfalls bereits zu diesem Zeitpunkt erwartete Gewinne zugerechnet werden. Das geht erst, wenn der Gewinn durch Verkauf auch realisiert wurde. Die Bewertung von Bestandsänderungen erfolgt demzufolge zu Herstellkosten.

Bewertung zu Herstellkosten

Einen grundsätzlich anderen Weg geht man beim Umsatzkostenverfahren. Hier bilden die tatsächlich abgesetzten Produkte und Dienstleistungen, also die Umsatzerlöse, die Basis. Ihnen werden nun nicht sämtliche angefallenen Kosten zugerechnet, sondern nur diejenigen, die rechnerisch für diesen Umsatz angefallen sind. Dazu kommen dann die sogenannten übrigen Aufwendungen wie Verwaltungskosten usw.

Umsatzkostenverfahren

Die gesetzlich vorgegebenen Schemata unterscheiden sich lediglich in den ersten acht bzw. sieben Positionen und sind danach weitestgehend identisch. Beide Verfahren kommen jedoch stets zu den gleichen Ergebnissen.

 CD-ROM: GLIEDERUNG DER GUV

Die Gliederung der GuV sowie einen Vergleich beider Verfahren finden Sie auf Ihrer CD-ROM.

Gewinn, PBT, EBIT, EBITDA – die Aussagen der GuV

Am Ende der Gewinn- und Verlustrechnung steht der Jahresüberschuss (leider ist es manchmal auch ein Jahresfehlbetrag). Im herkömmlichen Sinne ist das der Gewinn/das Ergebnis des abgelaufenen Jahres. Immer häufiger tauchen aber Begriffe wie PBT, EBIT oder EBITDA auf. Was verbirgt sich dahinter?

 PRAXIS-BEISPIEL: MILLIONENGEWINN

Wer träumt nicht davon, eine Million Gewinn zu machen? Aber was sagt diese Zahl schon aus? Für viele Mittelständler eine unerreichbare Größe, ist diese Million für einen international agierenden Konzern, bezogen auf seine Umsätze, gerade mal die berühmte „schwarze Null".

Einerseits muss man den Gewinn immer im Zusammenhang mit den Umsätzen des Unternehmens sehen. Andererseits setzt er sich aus verschiedenen Komponenten zusammen, die es erforderlich machen, ihn genauer zu analysieren. Dabei sind vor allem folgende Punkte wesentlich:

- Stammt der Gewinn aus dem betrieblichen Kerngeschäft (Betriebsergebnis)?

- Stammt der Gewinn aus finanziellen Transaktionen (Finanzergebnis)?

- Sind die Ursachen für die Entstehung des Gewinns einmalig oder werden sie dauerhaft das Ergebnis beeinflussen?

- Welche Bestandteile des Ergebnisses sind finanziell wirksam, d. h. erhöhen den Cashflow?

- Ist ein Vergleich mit anderen Unternehmen, gegebenenfalls auch aus dem Ausland, möglich oder führen unterschiedliche Abschreibungsmöglichkeiten, Finanzierungsstrukturen usw. zu nicht vergleichbaren Ergebnissen?

Diesen Fragen wollen wir uns nun zuwenden. Das folgende Beispiel macht die zunächst verwirrend wirkende Begriffsvielfalt sicherlich durchschaubarer.

Jahresüberschuss

Der Jahresüberschuss entspricht dem Ergebnis, das sich aus der Gewinn- und Verlustrechnung ergibt. Er ist die Differenz zwischen den Erträgen und Aufwendungen der Periode (d. h. im Regelfall des Geschäftsjahres).

Pflichtposition des handelsrechtlichen Jahresabschlusses

Der Jahresüberschuss ist eine Pflichtposition des handelsrechtlichen Jahresabschlusses. Gewinn- oder Verlustvorträge aus vergangenen Jahren finden bei ihm keinen Niederschlag. Üblicherweise wird der Jahresüberschuss nach Steuern ausgewiesen, sodass das tatsächliche Ergebnis des Unternehmens deutlich wird. Es setzt sich im Wesentlichen zusammen aus

- dem betrieblichen Ergebnis,

- dem Finanzergebnis (im Wesentlichen die Differenz aus erhaltenen und gezahlten Zinsen zuzüglich des Ergebnisses aus Beteiligungen),

- dem außerordentlichen Ergebnis und

- den Steuern aus Einkommen und Ertrag.

Profit before Tax (PBT)

Gewinn vor Steuern

Da die Steuergesetzgebung international sehr unterschiedlich ist, lassen sich Unternehmen aus verschiedenen Ländern nur begrenzt miteinander vergleichen – ganz abgesehen von der Tatsache, dass das Berechnungsschema zum Jahresüberschuss ein lediglich für deutsche Unternehmen im HGB festgelegtes Schema ist. Ein erster Schritt zur Vergleichbarmachung ist die Eliminierung der Steuern. Auch das außerordentliche Ergebnis wird nicht berücksichtigt. Damit erhalten wir den sogenannten Gewinn vor Steuern (PBT):

	Jahresüberschuss
+	Steuern
+	außerordentliches Ergebnis
=	Gewinn vor Steuern

Der PBT lässt Aussagen über das operative Einkommen des Unternehmens zu, ist andererseits jedoch durch den Einfluss nationaler Bilanzierungsvorschriften (vgl. dazu auch das Kapitel „Internationale Trends in der Rechnungslegung") nur bedingt zur Vergleichbarmachung geeignet. Steuervorschriften werden eliminiert, Bilanzrichtlinien jedoch nicht.

EBIT (Earnings before Interest and Taxes)

EBIT ist ein Ergebnis vor Zinsen und Steuern, aber auch vor dem Finanzergebnis. Damit drückt EBIT das operative Ergebnis des Unternehmens aus. Es lässt also das Finanzergebnis und auch das außerordentliche Ergebnis außen vor. Das kann gewollt sein, um zu vergleichen, wie erfolgreich (in absoluten Zahlen) ein Unternehmen in seiner betrieblichen Tätigkeit war, unabhängig von nationalen Gegebenheiten in der Steuergesetzgebung und unabhängig von der Finanzierungsstruktur des Unternehmens.

Ergebnis vor Zinsen und Steuern

PRAXIS-BEISPIEL: FINANZIERUNGSSTRUKTUR

Angenommen, die Schall & Rauch GmbH sei je zur Hälfte mit Eigenkapital und mit Fremdkapital finanziert und erreicht ein EBIT von einer Million Euro. Aus diesem EBIT müssen noch die Kreditzinsen gezahlt werden. Wenn unter sonst völlig gleichen Bedingungen die Schwarzpulver AG, die ausschließlich mit Eigenkapital finanziert ist, das gleiche EBIT erzielt, ist der Jahresüberschuss der Schwarzpulver AG höher als derjenige der Schall & Rauch GmbH, und zwar in Höhe der Zinsen. Das operative Ergebnis beider Unternehmen ist gleich, nur wird es unterschiedlich aufgeteilt: Bei Schall & Rauch erhalten die Fremdkapitalgeber (z. B. Kreditinstitute) einen Teil in Form von Zinsen, bei Schwarzpulver steht alles den Aktionären zu.

Unternehmen, die z. B. aus der Beteiligung an anderen Unternehmen einen hohen Ertrag erzielen (Finanzergebnis), beeinflussen auf diese Weise zwar ihren Gewinn, aber nicht das EBIT.

 EXPERTEN-TIPP: KENNZAHLENZUSAMMENHANG

Die absolute Höhe des EBIT ist (wie auch bei anderen ergebnisbezogenen Kennzahlen) nur wenig aussagefähig. Man sollte diese Kennzahlen immer im Verhältnis zum Umsatz sehen, mit dem das Ergebnis erzielt wurde. EBIT/Umsatz ist die sog. EBIT-Marge, es sagt also aus, wie viel Prozent des Umsatzes operatives Ergebnis vor Zinsen und Steuern waren.

EBITDA

Noch einen Schritt weiter geht man bei der Kennzahl EBITDA. Sie steht für „Earnings before Interest, Taxes, Depreciation and Amortisation". Damit ist EBITDA das operative Ergebnis vor

- Steuern,
- Zinsen,
- Abschreibungen auf Sachanlagen und
- Amortisation von immateriellen Wirtschaftsgütern.

Auf diese Weise wird auf gegebenenfalls unterschiedliche Abschreibungsmodalitäten in einzelnen Ländern Rücksicht genommen. Auch bei Unternehmen mit außerordentlich hohem Abschreibungsbedarf (zumeist junge, technologieorientierte Unternehmen) wird EBITDA gern verwendet, da so deutlich gemacht wird, welches Ergebnis ohne Berücksichtigung dieser außergewöhnlichen Belastungen erzielt wird.

PRAXIS-BEISPIEL: EBITDA

Das folgende Beispiel bringt die wesentlichen Zusammenhänge. Es stimmt jedoch nicht 1 : 1 mit den gesetzlichen Schemata überein, da einige Positionen zum Zwecke besserer Übersichtlichkeit weggelassen wurden. Basis ist das Gesamtkostenverfahren.

Berechnungsvorschrift	Beispiel (in TEUR)
Umsatzerlöse	36.500
+ Bestandserhöhungen	+ 300
– Bestandsreduzierungen	+ 100
+ sonstige betriebliche Erträge	+ 400
– Material–/Personal- und sonstiger Aufwand	– 21.000
– Abschreibungen	– 9.500
+ Erträge aus Beteiligungen	+ 850
+/– Zinsergebnis	– 150
+/– außerordentliches Ergebnis	– 300
– Steuern (vom Einkommen und Ertrag)	– 2.880
= Jahresüberschuss	**+ 4.320**

Jahresüberschuss	+ 4.320
+ Aufwand für Steuern	+ 2.880
– außerordentlicher Ertrag	– 150
+ außerordentlicher Aufwand	+ 450
= PBT (Gewinn vor Steuern)	**+ 7.500**

Jahresüberschuss	+ 4.320
+ Zinsaufwand/- Zinsertrag	+ 150
+ Aufwand für Steuern	+ 2.880
- Erträge aus Beteiligungen	- 850
- außerordentlicher Ertrag	- 150
+ außerordentlicher Aufwand	+ 450
= EBIT	+ 6.800

EBIT	+ 6.800
+ Abschreibungen	+ 9.500
= EBITDA	+ 16.300

Zusammenfassung

Wenn Sie den vorangegangenen Abschnitt Revue passieren lassen, werden Sie sehen, dass man verschiedene Stufen des Ergebnisses betrachten kann. Das heißt aber auch, dass es nicht eine allein richtige Zielstellung oder Kennzahl für das Unternehmensergebnis gibt. Je nachdem, was Sie genau analysieren wollen, wählen Sie die eine oder andere Kennziffer.

 EXPERTEN-TIPP: NICHT VERWIRREN LASSEN

Vergleicht man den Jahresüberschuss des eigenen Unternehmens mit dem EBIT des wichtigsten Wettbewerbers, vergleicht man „Äpfel mit Birnen". Achten Sie genau darauf, welche Ergebniskennzahl sie betrachten, um nicht zu falschen Schlussfolgerungen zu kommen.

Weiter gehende Informationen: Anhang und Lagebericht

Bilanz und GuV beinhalten lediglich quantitative Angaben zur wirtschaftlichen Situation des Unternehmens, die für sich gesehen kaum aussagekräftig sind. Insofern sieht der Gesetzgeber für Kapitalgesellschaften eine Erläuterung der Angaben vor, und zwar in Form des Anhangs, der mit Bilanz und GuV bei Kapitalgesellschaften eine Einheit darstellt (§ 264 I 1 HGB). Es müssen jedoch nicht alle erläuternden Informationen im Anhang aufgenommen werden; manche Angaben können auch wahlweise in der Bilanz oder GuV gemacht werden.

Anhang

EXPERTEN-TIPP: ANGABEN NICHT ZWINGEND

In der Regel sieht der Gesetzgeber eine Reihe von Einzelangaben vor (insbesondere §§ 284–288 HGB), etwa Erläuterungen und Angaben zu Bilanzierungs- und Bewertungsmethoden und zum Jahresabschluss; dies gilt nur in eingeschränktem Maße für kleine und mittelgroße Kapitalgesellschaften (§ 288 HGB). In bestimmten Ausnahmefällen dürfen Angaben auch unterbleiben (§ 286 HGB).

Neben dem Jahresabschluss müssen Kapitalgesellschaften auch einen Lagebericht erstellen (§ 264 I HGB). Wie der Anhang hat auch der Lagebericht eine Informations- und Erläuterungsfunktion. Dabei kommt ihm nach § 289 HGB die Aufgabe zu, die bisherigen Angaben zu einem Gesamtbild des Unternehmens abzurunden. Dadurch sollen die Adressaten in die Position versetzt werden, den Geschäftsverlauf, die Lage und die voraussichtliche Entwicklung des Unternehmens einzuschätzen.

Lagebericht

Anhand der folgenden Checkliste, die Sie auch wieder auf Ihrer CD-ROM finden, können Sie noch einmal überprüfen, welche Art Jahresabschluss Sie überhaupt machen müssen und worauf Sie unbedingt achten sollten. Stellen Sie fest, ob Sie alle rechtlichen Bestimmungen auch wirklich beachtet haben.

 CHECKLISTE: JAHRESABSCHLUSS

Frage	Bemerkungen
Welche Rechtsform besitzt das zu analysierende Unternehmen?	
Gibt es größenabhängige Erleichterungen, die das Unternehmen in Anspruch nehmen kann?	
Entsprechen die Jahresabschlusspositionen den gesetzlichen Bestimmungen?	
Werden Positionsabweichungen begründet?	
Welche Kosten enthalten die zu Herstellkosten aktivierten Vermögensgegenstände?	
Welche Rückstellungen wurden gebildet?	
Welche bedeutenden Aufwandsblöcke gibt es? Wie setzen sie sich zusammen?	
Welchen Hintergrund haben die außerplanmäßigen Abschreibungen?	
Welche außerordentlichen Aufwendungen und Erträge sind vorhanden? Wie stark beeinflussen sie den Jahresüberschuss?	
Welche ergänzenden Informationen können Sie dem Anhang und dem Lagebericht entnehmen?	

Die Bilanzpolitik – Freiräume nutzen

Dem bilanzierenden Unternehmen werden bei der Gestaltung des Jahresabschlusses bestimmte Freiräume gelassen. Das ist durchaus sinnvoll, muss der Jahresabschluss doch so flexibel gestaltet sein, dass er für eine Vielzahl verschiedener Branchen, Unternehmensformen und -größen anwendbar ist.

Durch diese Flexibilität können Sie Bilanz und GuV so gestalten, dass Sie sie in Einklang mit Ihren Unternehmenszielen bringen können.

Man unterscheidet formale und materielle Bilanzpolitik, die richtigerweise als „Jahresabschlusspolitik" bezeichnet werden müsste.

- Die formale Bilanzpolitik umfasst die Gestaltung der Gliederung, des Ausweises und der Erläuterungen der einzelnen Posten einschließlich der Angaben in Anhang und Lagebericht. **Formale Bilanzpolitik**

- Gegenstand der materiellen Bilanzpolitik ist die Beeinflussung der Vermögens-, Finanz- und Ertragslage des Unternehmens durch Anwendung der Ansatz- und Bewertungswahlrechte. Der materiellen Bilanzpolitik kommt in der Praxis die größere Rolle zu, da sie den Gewinnausweis und die Kennzahlen maßgeblich „steuert". **Materielle Bilanzpolitik**

EXPERTEN-TIPP: VORSCHRIFTEN BEACHTEN

Beachten Sie auf jeden Fall die Rechtsvorschriften. Verlassen Sie die gesetzlichen Spielräume, befinden Sie sich schnell im Bereich der strafbaren Bilanzverfälschung.

Für mehr Information: Die Jahresabschlussanalyse

Um den Aussagegehalt des Jahresabschlusses zu erhöhen, wird der vorliegende Jahresabschluss aufbereitet und ausgewertet. Diese Jahresabschlussanalyse, auch „Bilanzanalyse" genannt, wird vor allem von externen Adressaten vorgenommen, die noch mehr Informationen aus dem Jahresabschluss ziehen möchten, um damit die tatsächliche Lage besser einschätzen zu können.

Grenzen   Bei der Jahresabschlussanalyse sollten Sie sich immer der Grenzen bewusst sein, die sich aus den Mängeln des Jahresabschlusses ergeben:

- Die Informationen beziehen sich auf das abgelaufene Geschäftsjahr, sind also vergangenheitsbezogen.

- Die Informationen sind unvollständig, da insbesondere nichtmonetäre Informationen für eine umfassende Unternehmensbeurteilung fehlen (z. B. Unternehmensstrategie, Qualifikation der Mitarbeiter).

- Die Informationen sind vom Unternehmen bewusst beeinflusst („manipuliert") und damit nicht mehr objektiv. Leichter zu beeinflussen sind die Informationen der Bilanz, die sich auf einen Stichtag – und nicht wie bei der GuV auf einen Zeitraum – beziehen.

Welche Schritte sind für eine Jahresabschlussanalyse notwendig?

Schritt 1   ■ Aggregieren Sie bei Ihrer systematischen Jahresabschlussanalyse zunächst die Informationen zu sinnvoll verwendbaren Größen (z. B. Fremdkapital, Anlagevermögen).

Schritt 2   ■ Entwickeln Sie anschließend aus diesen Größen absolute Zahlen (Grundzahlen) oder Verhältniszahlen (Kennzahlen). Da der Jahresabschluss eine Vielzahl quantitativer Informationen enthält, ist es hilfreich, durch kombinierte Analyse mehrerer Grund- und Kennzahlen die Aussagefähigkeit zu erhöhen.

Es lohnt sich, die Kennzahlen mehrerer Jahre oder Monate zu vergleichen und auch die Kennzahlen der Konkurrenz heranzuziehen. Denn nur so bekommen Sie ein Gefühl dafür, was innerhalb der Branche als „gut" oder „schlecht" anzusehen ist.

CD-ROM: KENNZAHLEN

Im Folgenden stellen wir Ihnen einige wichtige Kennzahlen vor, die Sie auch auf Ihrer CD-ROM finden. Sie helfen Ihnen beim Vergleich und bei der Beurteilung von Jahresabschlüssen.

Kennzahlen zur Bilanz

Zur Analyse der Struktur und Entwicklung des Vermögens bieten sich folgende Kennzahlen an:

$$\text{Anlageintensität} = \frac{\text{Anlagevermögen} \times 100}{\text{Gesamtvermögen}}$$

$$\text{Umlaufintensität} = \frac{\text{Umlaufvermögen} \times 100}{\text{Gesamtvermögen}}$$

Anlage- und Umlaufintensität

Mithilfe dieser Kennzahlen können Sie einen Überblick über die Verteilung des Gesamtvermögens gewinnen: Eine hohe Anlageintensität kann auf hohe Fixkosten und eine geringere Anpassungsfähigkeit an Umweltveränderungen deuten.

Eine weitere wichtige Kennzahl ist der Anlagendeckungsgrad:

$$\text{Anlagendeckungsgrad I} = \frac{\text{Eigenkapital} \times 100}{\text{Anlagevermögen}}$$

Anlagendeckungsgrad

$$\text{Anlagendeckungsgrad II} = \frac{(\text{Eigenkapital} + \text{langfr. Fremdkapital}) \times 100}{\text{Anlagevermögen}}$$

Die goldene Bilanzregel lautet: Finanzieren Sie das Anlagevermögen langfristig, möglichst nur mit Eigenkapital. Angestrebt wird mit dieser Regel, dass sich die Nutzungsdauer einer Investition und die Laufzeit ihrer Finanzierung entsprechen (Grundsatz der Fristenkongruenz). Oder anders ausgedrückt: Das langfristig im Unternehmen gebundene Vermögen sollte durch Eigenkapital, zumindest aber durch Eigenkapital und langfristiges Fremdkapital finanziert sein (Anlagendeckungsgrad I oder II = 100 %).

Diese Pauschalaussagen gelten jedoch nur eingeschränkt. So erhalten Kontokorrentkredite durch ihre häufig jährliche Prolongation einen langfristigen Charakter und ein begehrtes Grundstück kann durchaus auch kurzfristig einen Abnehmer finden.

Eigen- und Fremdkapitalquote

Achten Sie immer auf eine angemessene Eigenkapitalausstattung, um einer Insolvenz vorzubeugen. Untersuchungen belegen, dass in Deutschland die Eigenkapitalausstattung der Unternehmen viel stärker sein sollte. Folgende Kennzahlen können Ihnen helfen, die Kapitalsituation Ihres Unternehmens einzuschätzen:

$$\text{Eigenkapitalquote} = \frac{\text{Eigenkapital} \times 100}{\text{Gesamtkapital} (= \text{Gesamtvermögen})}$$

$$\text{Fremdkapitalquote} = \frac{\text{Fremdkapital} \times 100}{\text{Gesamtkapital} (= \text{Gesamtvermögen})}$$

Je mehr Eigenkapital, desto geringer die Abhängigkeit von Kreditgebern – sagt man. Allerdings sind Fremdfinanzierungen grundsätzlich nicht negativ zu sehen, da sie oftmals erst größere Investitionen ermöglichen. Hierbei sollten Sie immer darauf achten, dass die Investition die Finanzierungskosten zumindest abdeckt.

Bei der Jahresabschlussanalyse ist es wichtig, einen Eindruck von der   Liquidität
allgemeinen Liquiditätssituation des Unternehmens zu bekommen,
schließlich ist die Illiquidität einer der häufigsten Gründe für die
Insolvenz. In Bezug auf die Liquidität des Umlaufvermögens können
folgende Kennzahlen unterschieden werden:

$$\text{Liquidität I. Grades} = \frac{\text{Liquide Mittel} \times 100}{\text{Kurzfristige Verbindlichkeiten}}$$

$$\text{Liquidität II. Grades} = \frac{(\text{Liquide Mittel} + \text{kurzfr. Forderungen}) \times 100}{\text{Kurzfristige Verbindlichkeiten}}$$

$$\text{Liquidität III. Grades} = \frac{\text{Umlaufvermögen} \times 100}{\text{Kurzfristige Verbindlichkeiten}}$$

Eine Finanzierungsregel besagt, dass zumindest die Liquidität III
größer oder gleich 100 % sein sollte.

Kennzahlen zur GuV

Im Zentrum der GuV-Analyse steht die Beurteilung des Erfolgs, der
innerhalb eines Geschäftsjahres erwirtschaftet wurde. Bei der Beurteilung muss nicht nur der Umsatz, sondern auch das eingesetzte Eigenkapital berücksichtigt werden, denn die Eigenkapitalgeber möchten ja
für ihr investiertes Kapital auch einen Ertrag erhalten (Dividende).

Folgende Kennzahlen werden in der Praxis häufig benutzt:

$$\text{Eigenkapitalrentabilität} = \frac{\text{Jahresüberschuss} \times 100}{\text{Eigenkapital}}$$

Eigen- und
Gesamtkapital-
rentabilität

$$\text{Gesamtkapitalrentabilität} = \frac{(\text{Jahresüberschuss} + \text{Fremdkapitalzinsen}) \times 100}{\text{Gesamtkapital}}$$

$$\text{Umsatzrentabilität} = \frac{\text{Jahresüberschuss} \times 100}{\text{Umsatzerlöse}}$$

Umsatz-
rentabilität

Die Umsatzrentabilität zeigt den durchschnittlichen prozentualen Gewinnanteil am Verkaufspreis an, während die Eigenkapital- bzw. die

Gesamtkapitalrentabilität die Höhe der Verzinsung des Kapitals im Geschäftsjahr angibt. Da die Eigenkapitalgeber das Hauptrisiko im Insolvenzfall tragen, sollte die Eigenkapitalrentabilität über der Fremdkapitalverzinsung liegen.

Fremdkapital-
rentabilität

Wollen Sie ermitteln, wie hoch der durchschnittliche Finanzierungs-aufwand war, bietet sich folgende Kennzahl an:

$$\text{Fremdkapitalrentabilität} = \frac{\text{Zinsaufwand} \times 100}{\text{Fremdkapital}}$$

Return on
Investment

Eine sehr verbreitete Kennzahl ist auch der Return on Investment (RoI); sie lässt Rückschlüsse auf den Rückfluss des investierten Kapitals zu und ist wie folgt definiert:

$$\text{RoI} = \frac{\text{Jahresüberschuss} \times 100}{\text{Gesamtkapital}}$$

$$= \frac{\text{Jahresüberschuss}}{\text{Umsatz}} \times \frac{\text{Umsatz}}{\text{Gesamtkapital}} \times 100$$

$$= \text{Umsatzrendite} \times \text{Kapitalumschlag}$$

Durch die Aufspaltung des RoI in Umsatzrendite und Kapitalumschlag können Sie ferner feststellen, ob eine Ergebnisveränderung leistungs- oder finanzwirtschaftliche Ursachen hat.

Kurs-Gewinn-
Verhältnis

Das Kurs-Gewinn-Verhältnis (KGV) spielt bei der Aktienbeurteilung eine große Rolle und spiegelt die Ertragskraft einer Aktie wider, genauer: die Zeitdauer (Jahre), in der ein Unternehmen seinen Börsenkurs auf Basis des beurteilten Geschäftsjahres erwirtschaftet.

$$\text{KGV} = \frac{\text{Börsenkurs}}{\text{Jahresüberschuss pro Aktie}} = \frac{\text{Börsenkurs} \times \text{Zahl der Aktien}}{\text{Jahresüberschuss}}$$

Der Cashflow

Der Cashflow ist eine zahlungsorientierte Kennzahl, die in den letzten Jahren stark an Bedeutung gewonnen hat. Sie gibt an, wie viele liquide Mittel aus der Geschäftstätigkeit in das Unternehmen zurückfließen, und informiert damit über die tatsächlichen Innenfinanzierungsmöglichkeiten des Unternehmens, die zur Schuldentilgung, Investition oder zur Aufrechterhaltung der Liquidität verwendet werden können.

Betrachtet werden hierbei ausschließlich Geschäftsvorfälle, die zu Ein- und Auszahlungen führten. Nicht allen Erträgen bzw. Aufwendungen der GuV stehen entsprechende Ein- bzw. Auszahlungen gegenüber, denken Sie nur an die Ab- und Zuschreibungen sowie die Zu- und Auflösungen langfristiger Rückstellungen, vor allem der Pensionsrückstellungen. Da man zudem Angaben über den Cashflow braucht, den der gewöhnliche Geschäftsbetrieb erzielt, werden die außerordentlichen Aufwendungen und Erträge herausgerechnet. Der Cashflow lässt sich also wie folgt ermitteln:

Ein- und Auszahlungen

	Jahresüberschuss
+	Abschreibungen
–	Zuschreibungen

Berechnung

	Cashflow I
=	**Cashflow I**
+	Erhöhung der langfristigen Rückstellungen
–	Auflösung der langfristigen Rückstellungen

	Cashflow II (häufig nur Cashflow genannt)
=	**Cashflow II** (häufig nur Cashflow genannt)
+	außerordentliche Aufwendungen
–	außerordentliche Erträge

	Cashflow III
=	**Cashflow III**

Der Cashflow ist keine ultimative Kennzahl, denn sie birgt Unzulänglichkeiten, die sich aus den Mängeln des Jahresabschlusses ergeben. Insofern ist ein zusätzlicher Zeit- und Branchenvergleich sehr zu empfehlen.

Die Bewegungsbilanz

Zeitraum-
rechnung
Die Bewegungsbilanz ist eine einfache Möglichkeit zu analysieren, auf welche Weise neue Kapitalmittel aufgenommen und wie sie verwendet wurden. Sie ist eine Zeitraumrechnung und vergleicht zwei aufeinanderfolgende Bilanzen. Dabei werden in einem ersten Schritt die einzelnen Positionen der Bilanz zu wesentlichen Größen zusammengefasst, bevor in einem zweiten Schritt die Veränderungen zum Vorjahr festgestellt werden:

Kapitalverwendung	Kapitalherkunft
Aktivmehrung (Kapitalbindung)	Passivmehrung (Kapitalaufnahme)
Passivminderung (Kapitalrückzahlung)	Aktivminderung (Kapitalfreisetzung)

Die Bewegungsbilanz kann durch genauere Aufschlüsselung des Bilanzgewinns zur Kapitalflussrechnung weiterentwickelt werden.

Würdigung der Kennzahlen

Wir haben Ihnen einige wichtige Kennzahlen vorgestellt. Doch allein schon die Vielzahl lässt erkennen, dass es bei der Beurteilung eines Unternehmens nicht „die" Kennzahl schlechthin gibt. Erst die Kombination verschiedener Kennzahlen und damit die Analyse eines Jahresabschlusses aus verschiedenen Blickwinkeln lassen eine angemessene Würdigung der wirtschaftlichen Situation eines Unternehmens zu.

Wichtig ist, die Kennzahlen immer im Zeit- und Branchenvergleich zu sehen und die Analyse durch weitere, insbesondere qualitative Informationen aus der Presse oder anderen Quellen zu ergänzen. Je vielfältiger Ihre Informationen sind, desto besser können Sie ein Unternehmen einschätzen.

Abschließend eine Checkliste zum Thema „Jahresabschluss", die Sie selbstverständlich wie jede andere Checkliste dieses Ratgebers wieder auf Ihrer CD-ROM finden, sodass Sie sie bequem in Ihre Textverarbeitung übernehmen bzw. ausdrucken können.

 CHECKLISTE: JAHRESABSCHLUSSANALYSE

Frage	Bemerkung
Welche Informationen über die Unternehmensentwicklung entnehmen Sie den Kennzahlen?	
Wie haben sich die einzelnen Positionen im Zeitvergleich entwickelt?	
Welche Auffälligkeiten gibt es im Branchenvergleich?	
Welche ergänzenden Informationen können Sie sonstigen Quellen entnehmen?	
Welchen Gesamteindruck haben Sie vom Unternehmen bei Berücksichtigung des Jahresabschlusses, der Kennzahlen und der sonstigen Quellen?	

Die Konzernrechnungslegung

Unter Konzernrechnungslegung versteht man die Aufbereitung konzernbezogener Informationen für externe Adressaten auf Grundlage der rechtlichen Bestimmungen (Konzernabschluss). **Definition**

Der handelsrechtliche Jahresabschluss bezieht sich so, wie er bis eben beschrieben wurde, auf einzelne rechtliche Unternehmen. Diese Unternehmen können jedoch wirtschaftlicher Bestandteil größerer Unternehmenseinheiten und mithin abhängig von ihnen sein. In solchen

Fällen reicht die Information über ein einzelnes Unternehmen nicht aus. Um sich einen Überblick über die wirtschaftliche Lage zu verschaffen, braucht man Angaben über die gesamte wirtschaftliche Einheit, den Konzern. Entsprechend sind alle inländischen Kapitalgesellschaften sowie größenabhängig auch Unternehmen anderer Rechtsformen zur Aufstellung eines Konzernabschlusses verpflichtet, der den Vorschriften des HGB entspricht (§§ 290 ff. HGB und 11 PublG).

Befreiungstatbestände

Von dieser Verpflichtung sind nur zwei Tatbestände ausgenommen:

- solche Muttergesellschaften, die als Töchter übergeordneter „Mütter" in deren Konzernabschluss mit einbezogen werden (§§ 291 und 292 HGB),

- und börsennotierte Unternehmen, die einen Konzernabschluss nach international anerkannten Rechnungslegungsvorschriften im Einklang mit der Konzernrichtlinie erstellen (§ 292a HGB).

Konsolidierung

Konzerninterne Geschäftsvorfälle, die als betriebsinterne Geschäftsvorfälle angesehen werden, müssen bei der Aufstellung des Konzernabschlusses aufgerechnet werden. Diese Aufrechnungen, die auch „Konsolidierungen" genannt werden, beziehen sich

- auf die konzerninternen Beteiligungen,

- auf die Aufrechnung von Forderungen und Verbindlichkeiten zwischen Konzernunternehmen sowie

- auf die Eliminierung konzerninterner Umsätze sowie von Gewinnen bzw. Verlusten aus Lieferung und Leistung.

Zur Analyse des Konzernabschlusses können die bereits bekannten Instrumente der Jahresabschlussanalyse angewendet werden.

Internationale Trends in der Rechnungslegung

Die immer stärker werdende Internationalisierung und Globalisierung der Märkte führt dazu, dass auch Anleger ihr Kapital international anlegen können und wollen. Um eine möglichst fundierte Entscheidung treffen zu können, sind sie auf Informationen angewiesen, die international verständlich und vergleichbar sind. Daher ist es wichtig, dass die Rechnungslegungen der verschiedenen Staaten diesen Ansprüchen gerecht werden. Die „International Financing Reporting Standards" (IFRS), die aus den ursprünglichen IAS (International Accounting Standards) hervorgegangen sind, und die „Generally Accepted Accounting Principles" der USA (US-GAAP) besitzen hierbei eine große Bedeutung.

- Ziel der IAS und der jetzt daraus entstandenen IFRS ist es, weltweit anerkannte Rechungslegungsgrundsätze zu formulieren und damit die internationale Rechnungslegungspraxis zu standardisieren. Sie werden von dem International Accounting Standards Committee (IASC) in London erarbeitet, einer 1973 gegründeten Vereinigung von Berufsverbänden aus dem Rechnungslegungsbereich; aus Deutschland gehören ihr das Institut der Wirtschaftsprüfer sowie die Wirtschaftsprüferkammer an.   **IFRS**

- Die US-GAAP werden vom Financial Accounting Standards Board (FASB) mit dem Ziel herausgegeben, Rechnungslegungsstandards zum Schutz des Wertpapierhandels in den USA zu formulieren. Sie sind also lediglich für alle börsennotierten Unternehmen in den USA maßgeblich.   **US-GAAP**

IFRS und US-GAAP sind stark angelsächsisch geprägt und ihre Bilanzierungsphilosophie unterscheidet sich deutlich von der deutschen Rechnungslegung.

Die deutschen Rechnungslegungsvorschriften gelten international als sehr gläubigerschutzorientiert. Vorsichtige Bilanzierung und die Möglichkeit zur Bildung stiller Reserven führen zu einer hohen Haftungssubstanz: Die Interessen der Fremdkapitalgeber dominieren die der Eigenkapitalgeber. Dies ist auch historisch begründet: Während in den angelsächsischen Ländern die Kapitalmarktfinanzierung dominierte, hat die Finanzierung durch Bankenkredite in Deutschland eine lange Tradition.

Deutsche und internationale Rechnungslegung

Deutsche Rechnungslegung (HGB)	Internationale Rechnungslegung (IFRS, US-GAAP)
kontinentaleuropäisch orientiert	angelsächsisch orientiert
Dominanz des Gläubigerschutzes	Dominanz des Anlegerschutzes
hauptsächlich Bankenfinanzierung	hauptsächlich Kapitalmarktfinanzierung
enge Verknüpfung von Handels- und Steuerbilanz	klare Trennung von Handels- und Steuerbilanz

Neue Ansichten vom Unternehmen: Die Wertorientierung

PRAXIS-BEISPIEL: SHAREHOLDER VALUE

Immer häufiger berichten die Wirtschaftsnachrichten vom „Shareholder Value" oder der notwendigen „Wertorientierung" eines Unternehmens. Da Herr Meyer, Geschäftsführer der Praliné-GmbH, mehr dazu wissen möchte, fragt er seinen Steuerberater.

Wert-orientierung

Um langfristig wirtschaftlich erfolgreich zu sein, muss ein Unternehmen seinen Wert steigern. Aber worin spiegelt sich dieser Unternehmenswert wider? Diese Frage kann das herkömmliche Rechnungswesen nicht beantworten. In den letzten Jahren hat hierbei die Diskussion um den „Shareholder Value", d. h. die Orientierung eines Unternehmens an den Interessen des Anteilseigners, wesentlich dazu beigetragen, ein Bewusstsein für die Wertorientierung im Unternehmen zu schaffen. Während dabei in erster Linie an die Erfolgsverwendung gedacht wird (und man hohe Managementgehälter und -abfindungen im Kopf hat), bedeutet die Wertorientierung demgegenüber jedoch vor allem, sich mit der Erfolgsentstehung und -messung zu beschäftigen.

Erfolgs-entstehung

Die Erfolgsentstehung eines Unternehmens kann nur dann verstanden werden, wenn das gesamte Unternehmen betrachtet wird. Der Zeithorizont ist dabei langfristig ausgerichtet. Eine Wertsteigerung ergibt sich somit aus der Verbindung der strategischen Entscheidungen der Unternehmensführung mit ihrer operativen Umsetzung. Dazu müssen alle Interessengruppen des Unternehmens (etwa die Mitarbeiter und Kunden), auch „Stakeholder" genannt, beitragen. Denn die Steigerung des Unternehmenswerts kommt letztlich allen Interessengruppen zugute, trägt sie doch zur jeweiligen individuellen Zielerreichung der Stakeholder bei.

Erfolgs-messung

Die Erfolgsmessung beruht auf der Betrachtung der unternehmerischen Zahlungsströme. Diese Perspektive ist aus der Investitionsrechnung bekannt, bei der die Ein- und Auszahlungen eines Betrachtungszeitraums gegenübergestellt werden. Sofern die betrachteten Einzahlungen dabei größer sind als die Auszahlungen, wird ein Zahlungsüberschuss ermittelt, der sogenannte „Free Cashflow". Die Wertorientierung geht allerdings über diese Größe hinaus und stellt die Bedingung auf, dass nur dann ein Wert geschaffen wird, wenn der Free Cashflow über den Kapitalkosten des betrachteten Zeitraums liegt. Dieser Wert wird auch als „ökonomischer Gewinn" bezeichnet.

In der Praxis wird der ökonomische Gewinn oftmals hilfsweise aus dem Jahresabschluss abgeleitet. Dabei ergibt er sich als Differenz aus dem Gewinn gemäß GuV und den Kosten für das Eigenkapital.

Der ökonomische Gewinn

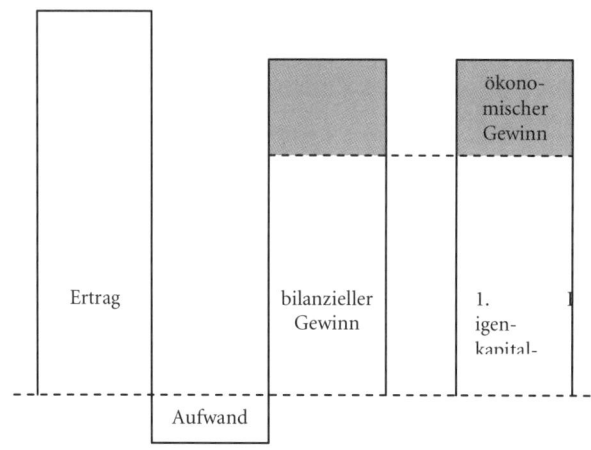

PRAXIS-BEISPIEL: ÖKONOMISCHER GEWINN

Die Garten-GmbH erzielt im Jahr 2003 einen bilanziellen Gewinn in Höhe von 10.000 €. Aufgrund der Wertorientierung fordern ihre Eigentümer eine Mindestverzinsung von 10 % p. a. Da die GmbH derzeit über ein Eigenkapital in Höhe von 20.000 € verfügt, beträgt der ökonomische Gewinn der GmbH 8.000 € (= 10.000 € – [20.000 € × 10 %]).

Dieser ökonomische Gewinn wird im Englischen als Economic Value Added (EVA®) bezeichnet. EVA® ist der über die erforderliche, d. h. die von den Kapitalgebern erwartete Eigenkapitalverzinsung hinausgehende Wert.

Economic Value Added (EVA®)

Werttreibermanagement

Bei der Wertorientierung ist es von entscheidender Bedeutung, jene Faktoren zu kennen, die den Unternehmenswert ursächlich beeinflussen. Diese erfolgskritischen Stellhebel werden auch „Werttreiber" oder „Wertgeneratoren" genannt. Ziel eines Werttreibermanagements ist es dabei, diese Faktoren zu identifizieren und zu steuern. Hierbei gilt es, die Strategie auf die operativen Prozesse herunterzubrechen und die Ressourcen so darauf auszurichten, dass der Unternehmenswert letztlich gesteigert wird. Die Werttreiber lassen sich entsprechend in strategische und operative Werttreiber unterscheiden. Diese können jeweils monetären oder nichtmonetären Charakter besitzen.

Werttreiber

Monetäre Werttreiber sind aus den Daten des Rechnungswesens ableitbar, sodass sich ein Wertbeitrag direkt ermitteln lässt. In der Litera-

Monetäre Werttreiber

tur wurden verschiedene Berechnungsverfahren entwickelt, auf denen die monetären Werttreiber basieren.

Nichtmonetäre Werttreiber

Nichtmonetäre Werttreiber beeinflussen zwar den Wertbeitrag, doch kann man mit ihnen nicht rechnen. Zusammenhänge zwischen nichtmonetären Werttreibern untereinander und zu den monetären Werttreibern können nur kausal beschrieben werden. Aufgabe eines wertorientierten Controllings muss es also sein, diese Kausalitäten zu identifizieren, um sie dann mithilfe der monetären Werttreiber zu messen.

Unterscheidung der Werttreiber

	Operative Werttreiber	Strategische Werttreiber
Monetäre Werttreiber	z. B. Lagerumschlagshäufigkeit	z. B. Marktanteil
Nichtmonetäre Werttreiber	z. B. Mitarbeiterzufriedenheit	z. B. Forschungs- und Entwicklungs-Know-how

Dabei ist es für ein erfolgreiches Werttreibermanagement entscheidend, aus den vorhandenen Werttreibern jene herauszufiltern, die für die Unternehmensentwicklung am wichtigsten sind.

 EXPERTEN-TIPP: WERTTREIBER IDENTIFIZIEREN

In der Praxis hat es sich gezeigt, dass aufgrund der Überschaubarkeit nicht mehr als 20 Werttreiber gleichzeitig betrachtet werden sollten.

Balanced Scorecard

Für die effektive Umsetzung des Werttreibermanagements bedarf es geeigneter Controlling-Instrumente. Die Balanced Scorecard, die im Kapitel „Wie Sie ein Unternehmen führen" bereits beschrieben wurde, ist ein solches. Mit ihr gelingt es, die Werttreiber zu identifizieren und die Strategie des Unternehmens mit den operativen Prozessen zu verbinden.

Basel II und Mittelstand

Herr Schall ist verunsichert. Immer wieder liest er von Basel II, von Banken, die angeblich keine Kredite mehr vergeben, und nun hat auch sein Steuerberater gemeint, er müsse sich und sein Unternehmen auf die neuen Anforderungen von Basel II vorbereiten. Er versucht, sich kundig zu machen, was ein Rating überhaupt ist und worauf er sich einzustellen hat ...

Basel II und Rating sind Begriffe aus der Welt der Banken, aber sie betreffen alle Wirtschaftsunternehmen, die mit Banken zu tun haben in der einen oder anderen Form. Und welches Unternehmen hat nichts mit Banken zu tun?

Was ist Rating?

Rating heißt soviel wie „Bewertung" oder „Einschätzung" eines Unternehmens. Nun können Sie einwenden, dass das Banken doch schon immer gemacht haben; ohne gründliche Einschätzung des Unternehmens war es kaum möglich, einen Kredit zu bekommen. Das Neue ist, dass sich der Baseler Ausschuss (dem die Bankenaufsichtsorgane fast aller wirtschaftlich bedeutenden Länder der Welt angehören) darauf geeinigt hat, die Bewertungskriterien und die Verfahren zu vereinheitlichen oder zumindest einander anzunähern.

Einschätzung von Unternehmen

Ergebnis der Beurteilung sind sogenannte Ratingnoten oder Ratingklassen. In diese Klassen werden die Unternehmen eingeordnet – von „bester Bonität" bis „hohe Ausfallgefahr" oder bereits „insolvent".

 PRAXIS-BEISPIEL: RATINGKLASSEN

Die bekannten Rating-Agenturen (z. B. Moody's oder Standard & Poor's) vergeben Ratingnoten von AAA bis C oder D. Dabei sind die Klassen von AAA bis BBB- als gute bis mittlere Bonität einzuschätzen, die Klassen darunter (von BB+ abwärts) als spekulativ. Deutsche Banken verwenden anstelle des Buchstaben-Codes eher eine numerische Skala von 1 bis z. B. 15.

Messen der Bonität

Bonität exakt zu messen ist kaum möglich. Deshalb stützt sich die Bewertung auf eine Reihe klassischer Größen, die sich überwiegend aus der Jahresabschlussanalyse ergeben („hard facts"), bezieht aber darüber hinaus auch nicht direkt messbare, aber für den Unternehmenserfolg oft entscheidende Größen ein („soft facts").

Einige Beispiele finden Sie in der folgenden Checkliste, die natürlich ebenfalls auf Ihrer CD-ROM enthalten ist. Sie können sie nach Ihren Erfahrungen auch weiter ergänzen.

CHECKLISTE: BEWERTUNGSGRÖSSEN

Frage	ja	nein
Ist die Rechtsform der Unternehmensgröße und dem Geschäftsumfang angepasst?	✓	
Ist die Rechtsnachfolge geregelt?		
Ist das Unternehmenskonzept klar, schriftlich formuliert und auch den betroffenen Mitarbeitern bekannt?		
Ist das Verhältnis zur Bank offen und vertrauensvoll?		
Ist das Controlling-System up to date und geeignet, der Unternehmensführung alle erforderlichen Informationen zu geben?		
Arbeitet das Unternehmen in einer riskanten Branche?		
Ist das Unternehmen in der Branche/Region führend?		
...		

EXPERTEN-TIPP: AUF BANKGESPRÄCHE VORBEREITEN

Gehen Sie davon aus, dass Ihr Betreuer beim nächsten Bankgespräch Fragen stellen wird, die in die oben genannte Richtung zielen, also die „soft facts" abfragt. Bereiten Sie sich darauf vor. Unvorbereitet zu einem Bankgespräch zu gehen, zeugt von wenig unternehmerischer Kompetenz. Nehmen Sie die Zügel selbst in die Hand und sprechen Sie diese Punkte aktiv an.

Ist Basel II eine Schikane für den Mittelstand?

Die Antwort ist eindeutig: Nein. Letztlich geht es darum, dass die Kreditvergabe durch Kreditinstitute marktgerechter erfolgen soll. Dazu muss man Folgendes wissen:

Eigenkapital-grundsatz I — Banken dürfen Kredite nur vergeben, wenn sie eine entsprechende Summe Eigenkapital nachweisen können, und zwar acht Prozent der vergebenen Kreditsumme. Der Grund liegt darin, dass Kredite, die nicht zurückgezahlt werden können, nicht zu einer Schieflage der Bank führen dürfen, also mit Eigenkapital „abgefedert" werden müssen.

Auch Eigenkapital kostet Geld, denn die Eigentümer (z. B. Aktionäre) erwarten über Dividenden und Wertsteigerungen eine Rendite für das zur Verfügung gestellte Eigenkapital.

Werden alle Kredite gleich eingeschätzt (wie das momentan mit wenigen Ausnahmen der Fall ist), heißt das, dass Kredite an Unternehmen guter Bonität genauso viel Eigenkapital erfordern, wie Kredite an Unternehmen schlechter Bonität. Nun sind aber einerseits „gute" Unternehmen immer weniger willens, für ihre kaum ausfallgefährdeten Kredite eine Risikoprämie zu zahlen, die weit überhöht ist. Andererseits profitierten „schlechte" Unternehmen davon, dass in ihren Kreditkonditionen die echten Risiken gar nicht eingepreist waren.

Neue Gewichtung der Risikoaktiva — Basel II sieht nun vor, dass je nach Ratingklasse und demzufolge je nach Risiko die Kredite unterschiedlich gewichtet werden. Kredite an sehr gut geratete Unternehmen werden nur noch mit 20 % angerechnet, schlecht geratete Unternehmen müssen dagegen eine Gewichtung ihrer Kredite mit 150 % (und je nach Ratingart auch noch mehr) hinnehmen. So erfordert ein Kredit von einer Million Euro bei bester Bonität nun 16.000 Euro Eigenkapital bei der kreditvergebenden

Bank, bei schlechter Bonität aber 120.000 Euro. Dementsprechend variieren auch die Kreditzinsen.

Voraussichtliche Auswirkungen

Zunächst wurden in vielen Verhandlungen bereits Erleichterungen für den Mittelstand aufgenommen. Gemäß seiner Spezifik wird hier eine andere, oft nicht so strenge Elle angelegt als bei Großunternehmen.

Unternehmen mit überdurchschnittlich guter Bonität können sogar mit geringeren Kreditzinsen für neue Kredite rechnen. Hier wirkt sich die neue Gewichtung aus. Jedoch ist zu beachten, dass die meisten Mittelständler kaum in den Bereich der Top-Bonitäten vorstoßen können, allein aufgrund ihrer Größe und Marktstellung.

Gute Bonität

Hier werden sich die meisten Mittelständler wiederfinden. Auch hier wird es keine existenzbedrohenden Zinsänderungen geben. Jedoch ist schon mit Korrekturen der gegenwärtigen Zinsen nach oben zu rechnen. Andererseits sollten bei der gegenwärtigen Niedrigzinsphase z. B. 0,5 % Zinsen p. a. mehr nicht existenzbedrohlich sein. Ist das doch der Fall, ist wahrscheinlich die gesamte Finanzierungsstruktur nicht marktgerecht und sollte dringend überprüft und verändert werden.

Mittlere Bonität

EXPERTEN-TIPP: KEIN VOLLSTÄNDIGER RÜCKZUG

Dass sich Banken aus dem Mittelstandsgeschäft vollständig zurückziehen, ist kaum zu erwarten, jedoch wird es sicherlich einige Verschiebungen dahingehend geben, dass nicht mehr alle Kreditinstitute alle Kunden gleichermaßen anpeilen. Spezialisierungen sind die wahrscheinliche Folge. Aber denken Sie daran: Es trifft alle, Sie und Ihre Wettbewerber gleichermaßen. Marktverschiebungen allein durch Basel II sind eher unwahrscheinlich.

Schlechte Bonität

Ja, hier wird es wohl teurer. Anderseits waren auch bisher Banken nicht daran interessiert, Unternehmen schlechter Bonität in ihrem Kreditportfolio zu haben.

Also dann: Eigeninitiative, Kreativität und unternehmerisches Gespür auch bei der Kommunikation mit der Bank werden Ihnen sicher weiterhelfen!

Stichwortverzeichnis

Abfallprodukt 80, 81
Ablauforganisation 18
Abnehmer 105
Absatzmenge, schwankende 83
Absatzmittler 69
Absatzorgan 69
Absatzwege 68
Abschreibungen,
    außerplanmäßige 217
Abschreibungen,
    kalkulatorische 199
Abschreibungen,
    planmäßige 217
Abschreibungsplan 217
Abweichungsanalyse 30,
    195, 206
Activity Based Costing 210
Aktivseite (Aktiva) 216, 217
Amortisationsvergleichs-
    rechnung 145, 147
Anderskosten 190
Änderungskündigung 122
Anerkennung 118
Anhang 214, 229
Anlageintensität 233
Anlagendeckungsgrad 233, 234
Anlagespiegel 217
Anlagevermögen 217
Annuität, äquivalente 154
Anreize, monetäre 116
Anreize, nichtmonetäre 118
Ansatzgebote 216

Ansatzverbote 216
Ansatzvorschriften 216
Ansatzwahlrechte 216
Anschaffungskosten 217
Äquivalente Annuität 154
Arbeitgeber 109, 110
Arbeitgeberverbände 109
Arbeitnehmer 109, 110
Arbeitsabläufe 18
Arbeitskräfte 93
Arbeitsleistung, menschliche 78
Arbeitsrecht 108, 109
Arbeitsrecht, individuelles 108
Arbeitsrecht,
    kollektives 108, 109
Arbeitsverhältnis
    Haupt- und
        Nebenpflichten 111
Arbeitsvertrag 110
Arbeitszeit
    Flexibilisierung 122
Assessment-Center 115
Aufbauorganisation 15
Aufhebungsvertrag 123
Aufwand 184, 188, 189
Ausgaben 187
Außenfinanzierung 171, 175
Außerordentliche
    Kündigung 123
Außerordentliches Ergebnis 224
Auszahlung 187

Balanced Scorecard 32, 33, 246
Barwert *Siehe* Kapitalwert
Basel II 247
Baukastenprinzip 89
Bedarfsplanung,
    programmorientierte 97
Bedarfsplanung,
    verbrauchsorientierte 98
Beförderung 118
    Kriterien 120
Benchmarking 41, 45
Berufsverbände 109
Beschaffung 105
Beschaffungskosten 101
Beschaffungslogistik 105
Beschwerdemanagement 38
Bestand, eiserner 100
Bestandsänderungen 220
Bestandsarten 100
Bestellbestand 100
Bestellkosten 101
Bestellmenge 97
Beteiligungskapital *Siehe*
    Eigenkapital
Betrieb 11, 12
Betriebliche
    Grundausbildung 119
Betriebliches
    Rechnungswesen 183
Betriebliches
    Vorschlagswesen 117
Betriebsabrechnung 191
Betriebsabrechnungsbogen
    (BAB) 201

Betriebsbuchführung 184, 191
Betriebserfolg 207
Betriebsergebnis 223
Betriebsmittel 12, 78, 79, 94,
    95, 96
Betriebsmittelbedarf 94
Betriebsmittelbeschaffung
    94, 95
Betriebsmitteleinsatz 94, 95
Betriebsnotwendiges
    Kapital 199
Betriebsräte 109
Betriebsstoffe 79, 198
Betriebsverfassungsgesetz
    (BetrVG) 109
Betriebswirtschaftslehre 11
BetrVG *Siehe*
    Betriebsverfassungsgesetz
Bewegungsbilanz 238
Bewerbungsunterlagen 114
Bilanz 167, 214, 215, 216
    Ansatzvorschriften 216
    Gliederung 216
    Grundprinzip 216
Bilanzanalyse *Siehe*
    Jahresabschlussanalyse
Bilanzgestaltung, formale 215
Bilanzgestaltung, materielle 215
Bilanzielle Strukturen 137
Bilanzkennzahlen 233
Bilanzpolitik 231
Bilanzregel, goldene 175, 234
Bilanzverfälschung 231
Bonität 248, 251

Börsenkurs 236
Brainstorming 48
Break-even-Analyse 209
Bruttobedarf 97
Buchbestand 100
Buchführung 183, 184
Budgetierung 30
Budgeting 30
Business Reengineering 44

Cash Cows 58
Cashflow 237
Chargenfertigung 92
CIM Siehe Computer
    Integrated Manufacturing
Computer Integrated
    Manufacturing (CIM) 89
Controlling 29
Controllinginstrumente 32
Customer Integration 90

Deckungsbeitrag 85, 207
Deckungsbeitragsrechnung 196,
    206, 209
Design 62, 82
Desinvestition 135
Dienstleistungen 51
Dienstvertrag 110
DIN 33430 115
Direct Costing 207
Direkter Absatzweg 68
Direktwerbung 72, 73
Disposition 15
Distribution 105

Distributionslogistik 105
Distributionspolitik 67
Disziplinarbefugnis 16
Dividende 172

EBIT 225
EBITDA 226
Economic Value Added
    (EVA) 245
Eigenkapital 170, 171, 216, 217
    Funktionen 172
    Verzinsung 138, 172
Eigenkapitalgrundsatz I 250
Eigenkapitalquote 234
Eigenkapitalrentabilität '
    235, 236
Einführungsinterview 114
Ein-Linien-System 16
Einnahmen 187
Einproduktunternehmen 83
Einstellungsinterview 114
Einzahlung 187
Einzelabschluss,
    handelsrechtlicher 213
Einzelabschluss,
    steuerrechtlicher 213
Einzelfertigung 83, 90
Einzelhändler 69
Einzelkosten 194, 197
Einzelkostenrechnung,
    relative 207
Einzelwirtschaft 11
Elementarfaktoren 78
Emanzipation 84

Endkostenstellen 201
Endprodukt 80
Entgelt 116, 117
Entsorgung 105
Entsorgungslogistik 106
Erfolgsbeteiligung 117
Erfolgsrechnung,
    kurzfristige 204
Ertrag 184, 188
Erwerbswirtschaftliches
    Prinzip 13
Eskalation 84
Event-Marketing 74
Externes Benchmarking 45

F+E-Kosten 41
Fachkompetenz 16
Factoring 179
FASB Siehe Financial
    Accounting Standards Board
Fertigung 83
Fertigungs- und
    Entwicklungskosten 41
Fertigungsgruppen 89
Fertigungslohnkosten 194
Fertigungslos 90
Fertigungsmaterialkosten 194
Fertigungsplanung 81, 86
Fertigungstypen 86, 90
Fertigungsverfahren 86
Financial Accounting Standards
    Board (FASB) 241
Finanzbuchführung 184
Finanzcontrolling 162

Finanzergebnis 223, 224
Finanzielles Gleichgewicht 163
Finanzierung 125, 135
Finanzierungssurrogate 179
Finanzmanagement 161
Finanzplanung 166, 168
Fixkosten 192
Fließbandfertigung 88
Fließfertigung 88
Fluktuation, natürliche 123
Forderungsmanagement 165
Forfaitierung 179
Fortbildung 119
Franchising 70
Free Cash Flow 244
Fremdfinanzierung 173
Fremdkapital 171, 173, 216
Fremdkapitalquote 234
Fremdkapitalrentabilität 236
Fremdleistungen
    Kosten 197
Fristenkongruenz 175, 234
Fristlose Kündigung Siehe
    Außerordentliche Kündigung
Führungsaufgaben 41
Führungsstil 34, 35
Führungsstil, autoritärer 34, 35

Gebrauchsgüter 79
Gebundenes Kapital 125
Gehalt 117
Gemeinkosten 194, 197,
    201, 202
Gemischtfertigung 83

Generally Accepted Accounting
Principles (US-GAAP) 241
Gesamtaufwand 189
Gesamtkapitalrentabilität
235, 236
Gesamtkosten 192
Gesamtkostenverfahren
204, 221
Geschäftsbuchführung 184
Geschäftsfelder, strategische 58
Geschäftsprozesse 33
Gesellschafter
Haftung 172
Gewerkschaften 109
Gewinn 172
Gewinn- und
Verlustrechnung 220
Gewinn- und Verlustrechnung
(GuV) 214, 220
Gewinnschwelle 207
Gewinnschwellenanalyse 209
Gewinnvergleichsrechnung
145, 146
Gewinnvortrag 224
Gleichgewicht, finanzielles 163
Goldene Bilanzregel 175, 234
Grenzerträge 156
Grenzkosten 156
Groß- und Einzelhandel 69
Großhändler 69
Großserie 91
Großserienfertigung 88
Grundkosten 190
Grundnutzen 62

Grundsätze ordnungsmäßiger
Buchführung GoB) 215
Gruppenfertigung 89
Güterumwandlung 80
GuV Siehe Gewinn- und
Verlustrechnung
GuV-Kennzahlen 235

Haftung 172
Halbfabrikat 80
Handelsstufen 68
Handelsware 198
Hauptkostenstellen 201, 202
Haushalte 12
Herstellkosten 221
Herstellungskosten 217, 218
Herstellungsprozess 80
Hilfskostenstellen 201, 202
Hilfsstoffe 79, 198
Höchstbestand 100

Illiquidität 235
Indirekter Absatzweg 69
Individuelles Arbeitsrecht 108
Industriekontenrahmen 197
Informationssysteme 104
Innenfinanzierung 171,
176, 179
Instandhaltung 94, 96
International Accounting
Standards (IAS) 241
International Accounting
Standards Committee
(IASC) 241

International Financing
 Reporting Standards
 (IFRS) 241
Interne Kapitalbildung 176
Internes Benchmarking 45
Internet 74
Interview 114
Inventurbestand 100
Investition, Beurteilung der
 Wirtschaftlichkeit von 141
Investitionen 125, 126, 135
 Auswahlentscheidungen 134
 Investitionsdauer-
 entscheidungen 135
Investitionen, strategische 129
Investitionsanstöße 127
Investitionsbeurteilung
 Qualitative Verfahren 141
 Quantitative Verfahren 144
Investitionsbudget 137
Investitionsgut
 Nutzungsdauer 154
Investitionsgüter 51
Investitionshöhe 136
Investitionsplanung 126
 Fehler 132
Investitionsrechnung 32, 141
 Dynamische Verfahren 148
Investitionsrechnungsverfahren
 144
Investitionsrechung
 Statische Verfahren 145
Investitionsziele 128
Istkosten 195

Istkostenrechnung 194, 195

Jahresabschluss 183, 213, 214
Jahresabschluss,
 handelsrechtlicher 213, 239
Jahresabschluss,
 steuerrechtlicher 213
Jahresabschlussanalyse 232, 240
 Grenzen 232
Jahresabschlusspolitik *Siehe*
 Bilanzpolitik
Jahresüberschuss 223
Just-in-Time-Produktion
 (JiT) 89

Kaizen 46
Kalkulation 191, 203, 206
Kalkulationszinsfuß 151, 153
Kalkulatorische Kosten 190, 199
Kanban 89
Kapital 125, 164, 170, 199
Kapitalbedarf 164, 165
Kapitalbedarfsplanung 166
Kapitalbildung, interne 176
Kapitaldienst 138
Kapitalflussrechnung 238
Kapitalherkunft 238
Kapitalumschlag 236
Kapitalverwendung 238
Kapitalwert 150, 152
Kapitalwertmethode 149
Kennzahlen 238
Kerngeschäft 44
Kleinserie 91

Kollektives Arbeitsrecht 108, 109
Kommunikation 18
Kommunikationspolitik 71, 73
Konditionenpolitik 64
Konflikte 40
Konfliktlösungsmethoden 40
Konsolidierung 240
Konsumgüter 50
Kontengruppen 185
Kontenklassen 185
Kontenrahmen 185
Kontoform 217
Konzern 240
Konzernabschluss 240
Konzerninterne Geschäftsvorfälle 240
Konzernrechnungslegung 239
Konzernrichtlinie 240
Kosten 101, 188, 189, 197
Kosten, fixe 192
Kosten, kalkulatorische 190, 199
Kosten, variable 192
Kostenartenrechnung 196, 197
Kostendeckungspunkt 209
Kostenfunktion 192
Kostenkategorien 191
Kostenkontrollfunktion 200
Kostenrechnung 183, 191
    Neuere Verfahren 210
Kostenstellenrechnung 200
Kostenträger 194
Kostenträgerrechnung 202

Kostenträgerstückrechnung 203
Kostenträgerzeitrechnung 204
Kostenvergleichsrechnung 145
Kreativitätstechniken 26, 48
Kreditfinanzierung 173
Kreditformen 65
Kreditpolitik 64, 65
Kreislaufwirtschaftsgesetz 106
Kündigung 123
Kurs-Gewinn-Verhältnis (KGV) 236
Kurzarbeit 122

Lagebericht 214, 229
Lagerbestand 100
Laissez-faire-Führungsstil 34
Laufbahnplanung 119, 120
Lean Management 43
Leasing 65, 179
Lebenszyklus 43
Leistung 188
Leistungslohn 117
Leistungsverrechnung, innerbetriebliche 202
Leitungssystem 16
Licensing 74
Liefer- und Zahlungsbedingungen 64
Lieferantenkredit 65
Lieferbedingungen 65
Liquidität 13, 32, 164, 235
Liquidität, gefährdete 180
Liquiditätsplan 32

Liquiditätsplanung 166,
    179, 180
Lizenz (Franchising) 70
Logistik 103

Make-or-Buy 207
Make-or-Buy-Entscheidung 82
Management by Delegation
    38, 39
Management by Exception 38
Management by Objectives
    38, 39
Managementkonzepte 37
Managementmethoden 41
Managementmodelle 37
Managementzyklus 24
Markenartikel 63
Marketinginstrument 106
Marketinginstrumente 59
Marketingkonzept 53
Marketing-Mix 61
Marketingstrategie 56, 59
Marketingziele 55
Marktanalyse 54
Marktforschung 53
Marktorientierung 49
Marktwachstum-Marktanteil-
    Portfolio 57
Massenfertigung 88, 91
Maßgeblichkeit 213
Materialbedarf 97
Materialbeschaffung 93
Materialbestand 97
Materialbestandsplanung 99

Materialeinzelkosten 198
Materialfluss 103
Materialgemeinkosten 198
Materialkosten 198
Materialkreislauf 106
Materialwirtschaft 93
Matrixorganisation 17
Mediawerbung 72
Mehrarbeit 122
Mehrfachfertigung 83, 90,
    91, 92
Mehr-Linien-System 17
Mehrproduktunternehmen 85
Meldebestand 100
Methode 653 48
Mindestbestand 100
Mitarbeiter 107
Mitarbeiterführung 34
Mitbestimmungsrecht 109
Mittelwert 99
Mittelwertverfahren 98
Mitwirkung 109
Monetäre Anreize 116
Morphologische Methode 48
Motivation 116
Multikanalmanagement 74

Nachkalkulation 200, 203
Natürliche Fluktuation 123
NBetrVG *Siehe*
    Betriebsverfassungsgesetz
Nettobedarf 97
Neutraler Aufwand 189

Nichtmonetäre Anreize 116, 118
No-Name-Produkt 63
Normalkosten 195
Normalkostenrechnung 194, 195
Nutzungsdauer, wirtschaftliche 154
Nutzwertanalyse 142

Objektorientierung 88
Öffentlichkeitsarbeit 72, 73
ökonomischer Gewinn 244
Ökonomisches Prinzip 13
Operative Marketinginstrumente 59
Operatives Ergebnis 225
Ordentliche Kündigung 123
Organisation 14
Organisationsformen 16

Passivseite (Passiva) 216, 217
Pensionsrückstellungen 178
Personal
  Entgelt 116
  Motivation 116
Personalabteilung 93
Personalauswahl 112, 114
Personalbasiskosten 198
Personalbedarf 93
Personalbeschaffung 112
Personalbildung 119
Personaleinsatz 93
Personalentwicklung 119, 120

Personalfreisetzung 121
Personalkosten 198
Personalmanagement 107
Personalpolitik 120
Personalwerbung 112, 113
Personalzusatzkosten 198
Plankosten 195, 205
Plankostenrechnung 194, 195, 205
Planung 30
Planungsrechnung 183, 186
Plattformstrategie 82
Poor Dogs 59
Portfolioanalyse 32, 42, 56, 57
Potenzialfaktoren 79
Preis 64
Preisnachlass 64
Preispolitik 64, 203
Preisuntergrenze 207
Primäre Gemeinkosten 201
Prinzip der Wirtschaftlichkeit 13
Privathaushalt 12
Product Placement 73
Produkt 80
Produktarten 50
Produktäußeres 62
Produkte 50
Produktgestaltung 62
Produktgruppen 18
Produktion 105
Produktionsfaktoren 12, 78, 95
Produktionslogistik 105
Produktionsmenge 81, 83

Produktionsplanung 77, 81
Produktionsprogramm 81, 82
Produktlebenszyklus 43
Produktpolitik 61
Produktprogramm 62
Produktqualität 62
Profit before Tax (PBT) 224
Programmplanung 81
Prozesse 18
Prozesskostenrechnung 210
Public Relations (PR) 73, 113

Questions Marks 59

Rabatt 64
Rabattpolitik 64
Rating 247
Rechnungsabgrenzungs-
   posten 219
Rechnungslegung 214, 241
Rechnungslegungspflicht 214
Rechnungswesen 183, 184, 190
   Grundbegriffe 187
Rentabilität 144
Rentabilitätsvergleichsrechnung
   145, 147
Repetierfaktoren 79
Reserve 100
Return on Investment
   (RoI) 236
Rohstoffe 79, 198
Royalties 70
Rückstellungen 173, 178,
   217, 219

Sacheinlagen 170
Sale-and-lease-back 179
Sales Promotion 72
Sekundärbedarf 97
Sekundäre Gemeinkosten 202
Selbstfinanzierung 176
Selbstkosten 199
Selbstkostenrechnung 191
Serienfertigung 91
Shareholder 243
Shareholder Value 243
Sichtweise, ganzheitliche 105
Soll-Ist-Analyse 205
Sollkosten 205
Sondereinzelkosten der
   Fertigung 194
Sortenfertigung 91
Sozialleistungen,
   betriebliche 117
Sparten 18
Sponsoring 73
Stab-Linien-System 17
Stabsstellen 17
Stakeholder 244
Stärken-Schwächen-Analyse 54
Stars 58
Statistik 183, 185, 186
Steuerungsinstrumente 30
Strategie 42
Strategische Geschäftseinheiten
   (SGEen) 42, 56
Strategische Geschäftsfelder 58
Synchronisation 84

Target Costing 41, 48, 211
Tarifvertragsrecht 109
Teilkostenrechnung 196
Teilzahlungskredit 65
Testverfahren,
  psychologische 115
Treasuring 162

Umlaufintensität 233
Umlaufvermögen 169, 217
Umsatz 166
Umsatzkostenverfahren
  204, 221
Umsatzplanung 166
Umsatzrendite 236
Umsatzrentabilität 235
Unternehmen 11, 12
Unternehmensaufbau 14
Unternehmens-
  entscheidungen 24
Unternehmensführung 37, 41
Unternehmens-
  kommunikation 18
Unternehmensplanung 30
Unternehmensprozesse 18
Unternehmenssteuerung 30
Unternehmensstrategie 42
Unternehmensziele 131
US-GAAP 241

Variable Kosten 192
Verbindlichkeiten 217
Verbrauchsgüter 79
Vergleichsrechnung 183, 186

Verkaufsförderung 72
Verlustvortrag 224
Vermögen 216
Vermögensumschichtung 176
Verrichtungsorientierung 87
Versetzung 122
Vertragsfreiheit 108
Volkswirtschaftslehre 11
Vollkostenrechnung 196
Vorkalkulation 195, 200, 203
Vorkostenstellen 201
Vorschlagswesen,
  betriebliches 117
Vorzeitige Pensionierung 123

Wagniskosten 199
Warenfluss 103
Wartung 94, 96
Weiterbildung 119
Werbung below the line 73
Werkstattfertigung 87, 88
Werkstoffe 12, 78, 79, 97, 198
Wertgeneratoren *Siehe*
  Werttreiber
Wertorientierung 243
Wertsteigerung des
  Unternehmens 172
Werttreiber 245
Wettbewerbsfähigkeit 125
Wirtschaftliche
  Nutzungsdauer 154
Wirtschaftlichkeit 13
Wirtschaftseinheit 11

Zahlungsbedingungen 65
Zahlungsfähigkeit *Siehe*
   Liquidität
Zahlungsmoral 180
Zeitlohn 117
Zielkostenrechnung 211
Zinsfuß, interner 152
Zinsfußmethode, interne 152
Zulieferer 105

Zulieferteile 198
Zusatzfaktoren 80
Zusatzkosten 190
Zusatznutzen 62
Zweckaufwand 189
Zwischenhändler 68
Zwischenkalkulation 203
Zwischenprodukt 80

Die Autoren

Prof. Helmut Geyer ist Professor für Allgemeine Betriebswirtschaftslehre an der Fachhochschule Jena. Darüber hinaus lehrt er als Dozent
der Bankakademie Frankfurt/Main in den Fachgebieten Allgemeine
Bankbetriebslehre und International Finance. Zuvor war er viele Jahre
in der Firmenkundenfinanzierung deutscher Großbanken tätig.

Dr. Bernd Ahrendt ist selbstständiger Unternehmensberater mit dem
Schwerpunkt Finanzcontrolling. Darüber hinaus ist er Lehrbeauftrag-
ter an der Hochschule Merseburg (FH) sowie an der Berufsakademie
Sachsen.

Klassische Mythen erklärt